図解 軍用車両

F FILES No.049

野神明人 著

新紀元社

はじめに

陸上兵器の花形といえば、紛れもなく「戦車」です。戦車を中心とする戦う車両たちこそ軍用車両の中心であり、ファンも多く存在します。しかし一方で、戦車は単体では能力を十分に発揮することはできません。例えば戦場近くまで戦車を運ぶ「車両運搬トレーラー」や「鉄道」がなければ、戦いに参加することはできません。戦場への投入手段を持たない兵器は、どんなに優れていても戦力にはなり得ないのです。また戦車を狙う潜んだ敵歩兵を排除するために、随伴する歩兵を運ぶ「装甲兵員輸送車」が生まれました。戦車が消費する膨大な弾薬や燃料を補給する「輸送車両」も必要でしょう。戦車が進撃できるように橋を架ける「架橋戦車」や、地雷を排除する「地雷除去車両」、故障した戦車を回収修理する「車両回収車」など、戦車の戦闘力を行使するためには、それを支える多くの輸送車両や工兵車両の力が欠かせないのです。

そういった様々な支援車両には、往々にして地味なイメージもあり、なかなか陽が当たりません。エースを輝かせるために努力する縁の下の力持ちたち。その涙ぐましい働きに対する筆者の想いこそが、F-Files シリーズに「軍用車両」を加えたいと考えた最大の理由です。また、軍用車両を語る上で欠かせない車両の基礎知識も、読者諸氏に系統立ててご理解いただければと、あえて基本的な事柄から解説を試みています。

本シリーズにはすでに、大波篤司氏が手がけられた『図解 戦車』があります。本書での戦車の扱いについては、少々迷いました。しかし、戦車も軍用車両のカテゴリーのひとつであること、装軌車両の発展は戦車抜きでは語れないこと。そして「エース＝戦車」があってこそ、縁の下の力持ちの努力が報われることもあり、「戦う車両」の一部として、それなりのスペースを割いて収録しました。その執筆にあたっては『図解 戦車』の記述も大いに参考にさせていただいています。改めて大波篤司氏ならびにF-Files編集部に、感謝と御礼を申し上げます。

野神明人

目次

目次

第1章
軍用車両とは何か

No.001

軍用車両とは？

軍隊が使う車両を総称して軍用車両という。広義には古代の馬車なども含むが、ここでは軍が使う動力を持った自走可能な車両をいう。

●紀元前に生まれた軍用車両の原型

車輪が発明されたのは、はるか昔のこと。紀元前5000年ごろのメソポタミアで、その原型が誕生したといわれている。紀元前3500年ごろには、車輪を使った道具として車両がすでに使われており、その後に発展した文明では、軍隊で車両が使われるようになった。兵糧などを運ぶための荷車や、紀元前2500年ごろのオリエント諸国で使われたチャリオットと呼ばれる馬に引かせた戦闘用の馬車は、軍用車両の原型といってもいいだろう。

やがて18世紀中ごろに蒸気機関が発明され、エンジンで動く自動車が登場。軍隊でも様々な自動車が使われるようになった。現在、軍用車両という言葉は、近代以降に登場した自走する軍用の装備を指すことが多い。

●軍隊で使用されるのが軍用車両の定義

軍用車両は英語に直訳するとmilitary motor vehicle（ミリタリー モーター ビークル）となる。車輪や履帯（りたい）(キャタピラ)を備え、動力を使って自走する車両で、軍隊で使用されることを目的としたものを、一般に軍用車両と呼ぶ。また、軍に**制式装備**として採用されたものだけでなく、**試作車両**も軍用車両として扱われる。

軍用車両の多くは専用に設計開発されるが、それは軍隊が求める仕様や規格が民生品とは異なるからだ。特に戦場など過酷な環境で使うことを前提とした壊れにくい頑丈な構造は、軍用車両に不可欠な要素だ。

戦闘を目的として武装や装甲を備えた車両は、軍用車両の王道だ。一方で武装を持たない**汎用車両**や支援車両の多くも、軍用に開発されることがほとんどだが、中には民生品に軍用装備を追加して採用されるものもある。逆に、軍用車両として開発されながら、武装や軍用装備などを外して、民生品として使われる例も少なくない。

古代の軍用車両

車輪が発明されたのは紀元前5000年ごろ

車輪は人類最古の発明品ともいわれ、紀元前5000年ごろのメソポタミアが発祥。紀元前3500年ごろには、車両が使われていた。

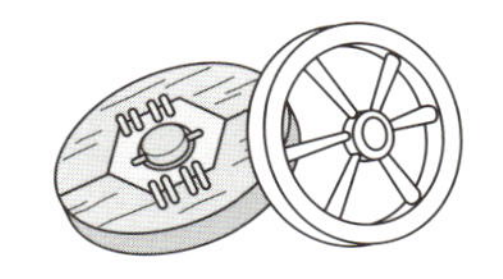

チャリオット

古代メソポタミアやエジプト、ギリシャなどで使われた、戦闘用の馬車。2輪のタイプと4輪のタイプがあった。古代ローマ時代には、実際の戦闘では使われず競技として使用された。

現代の軍用車両の定義

軍用車両＝military motor vehicle（ミリタリー　モーター　ビークル）

定義1 車輪や履帯（りたい）（キャタピラ）を備える。

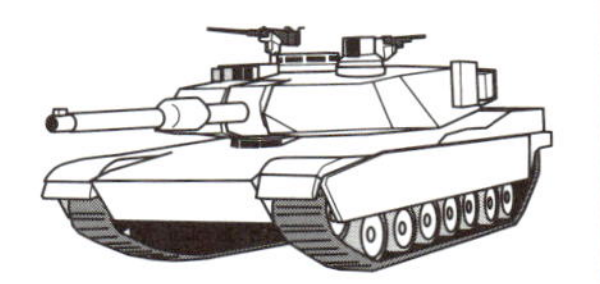

定義2 動力（エンジンなど）で自走する。

定義3 軍隊で使われる、もしくは軍隊で使われる目的で開発される。

軍用車両の特徴

- ●武装や装甲など、軍隊ならではの装備を備える（武装装甲がないものもある）。
- ●過酷な環境に耐えられる、頑丈な構造を持つ。
- ●汎用車両や支援車両の場合は、民生品に軍用装備を追加して採用することもある。

用語解説

●**制式装備**→軍隊に正規に採用された装備。制式登録されて、軍籍が与えられる。
●**試作車両**→武器を開発するさいには、数多くの試作品が作られるが、試作だけで終わるものも多い。
●**汎用車両**→多目的に使われる車両。米軍のジープに代表される小型車両や、トラックなど。

No.002

軍用車両を育んだ偉大な発明

近代の軍用車両は、エンジンを搭載した自動車の発明に始まり空気入りタイヤや履帯の発明を経て、実用兵器として使われるようになった。

●エンジンを積んだ最初の自動車は軍用車両だった

ジェームズ・ワットによる蒸気機関の発明からわずか4年後の1769年、フランスの軍事技術者であるニコラ＝ジョゼフ・キュニョーが作った世界初の自動車が、『キュニョーの砲車』。その名前のとおり、大砲を牽引するために蒸気機関が使えないかと考えて、発明されたものだ。つまり動力を積んで自走する自動車の歴史は、実は軍用車両として始まったともいえる。

初期の蒸気機関は大型で重く実用性は低かった。しかし1876年にニコラス・オットーが小型の**内燃機関**である「ガソリンエンジン」を発明、1886年にはカール・ベンツとゴットリープ・ダイムラーによりガソリン自動車が開発された。さらに1892年には、ルドルフ・ディーゼルが「ディーゼルエンジン」を発明。1896年にはダイムラーが荷台を付けた**トラック**を製造し、馬に変わる荷物搬送の新兵器として、軍隊に取り入れられていった。

●空気入りタイヤと履帯の登場

自動車のもうひとつの要素、車輪にも大きな進歩がもたらされた。1888年にスコットランドの発明家、ジョン・ボイド・ダンロップが自転車用に空気入りタイヤを開発した。走行性能と乗り心地を格段に向上させたこの発明は、20世紀初頭には自動車に採用され、今に至っている。

履帯(りたい)は無限軌道ともいう。18～19世紀にアイデアが考案され、1904年にアメリカで履帯を装備した不整地用の**トラクター**が発売されたのが始まりだ。第一次大戦中の1916年に登場した戦車の成功により、その後の軍用車両で多く使われるようになった。ちなみによく使われるキャタピラ(Caterpillar)は英語で芋虫の意味だが、キャタピラ社が名付けた登録商標。英語では一般名称としてクローラー(Crawler)と呼ばれている。

世界初の軍用車両

キュニョーの砲車（2号車）

大砲を引く牽引車両として開発。速度は空荷では時速約9km/h、5tの大砲を引くと約3.5km/h 。

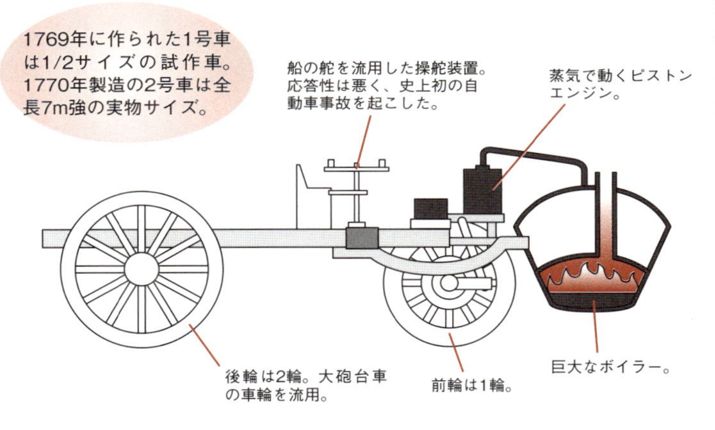

軍用車両の実用化に寄与した3つの発明

内燃機関

1876年にガソリンを燃料にするガソリンエンジン、1892年に軽油や重油を燃料とするディーゼルエンジンが発明された。

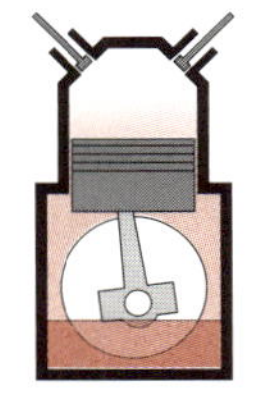

空気入りゴムタイヤ

1888年に発明されたのは自転車用。その後自動車に使われるようになった。

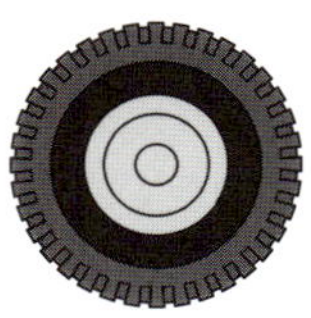

履帯（キャタピラ）

1904年にアメリカのメーカーが不整地用のトラクターに採用したのが最初。

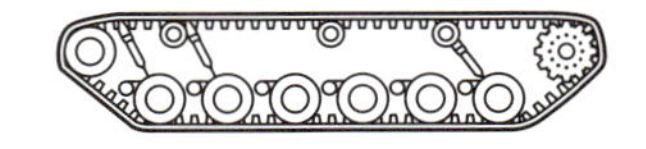

用語解説

●**内燃機関**→燃料を内部で燃焼爆発させ動力を得るエンジン。蒸気機関はボイラーとタービンが分かれているので外燃機関となる。
●**トラック**→荷台を持つ貨物自動車の総称（No.071参照）。
●**トラクター**→牽引車両。19世紀後半には蒸気機関のトラクターもあった（No.047参照）。

No.003

軍用車両の分類

一口に軍用車両といっても様々だが、武装を施した戦闘車両、幅広く使われる汎用車両、そして専用の装備を持つ支援車両に大別できる。

●軍用車両は３つのカテゴリーに分かれる

軍隊は、軍事力を行使することを目的とする組織だが、その任務の範囲はかなり広い。特に現代の軍隊の任務は、単に戦闘を行うだけではなく様々だ。そこで使われる軍用車両も同様で、バラエティに富み、大きく3つのカテゴリーに分類することができる。

まず、もっとも代表的なカテゴリーとして、戦闘車両があげられる。戦闘車両とは、その名前のとおり戦闘行為を目的に作られた車種で、戦車や装甲車のように武器と装甲を備えたものだ。また、各種の砲やミサイルなどを積んだ自走砲と呼ばれる車両群や、歩兵が乗車して戦う歩兵戦闘車、戦場で歩兵を運ぶ装甲化された兵員輸送車なども戦闘車両のカテゴリーに含まれる。さらに指揮官が使う指揮車両や、偵察車両なども戦闘車両の範疇だ。

2つ目がもっとも多く使われるトラックや小型4輪駆動車などの汎用車両だ。汎用車両は実に様々な任務に欠かせない装備として、陸兵の友というべき存在。平時は人や荷物の移動搬送に使われる一方で、有事には後方支援に活躍するだけでなく、戦場に直接投入され戦闘車両と行動を共にすることもある。兵員の命の重さが重視されるようになった昨今では、汎用車両に軽装甲を施すことも多くなった。また汎用車両に簡易的に武器を搭載して自走砲として使うなど、戦闘車両の任務を兼ねることもある。

3つ目は軍隊を支援する後方部隊や工兵専門の装備を備えたのが支援車両だ。戦車を戦場まで運ぶ専用の輸送車や、砲弾や燃料を運ぶ専用車両、地雷を除去する車両、工事を行う重機類などもこのカテゴリー。さらに戦場から負傷した兵士を運び出す戦場救急車や、手術を行う医療支援車、食事を作る炊事車など、軍隊ならではの専門車両がたくさんある。

軍用車両の代表的な種類

●戦闘車両＝直接戦闘に関わることを目的とした装備。

装甲車	装甲を施した装輪車両。攻撃用の火器を搭載するものも多い。
戦車	強力な装甲と火力を備えた直接戦闘を目的とした車両。
自走砲	砲やミサイルなど、攻撃用の火器を積んだ車両。自走榴弾砲、自走迫撃砲、対戦車車両、対空車両など、種類は多い。
兵員輸送車	歩兵を戦場まで輸送するための車両。ある程度の装甲や自衛用の小火器を備えることが多い。
歩兵戦闘車	歩兵を収容するだけでなく、攻撃のための火器を装備した車両。
偵察車	戦場での偵察に使われる機動性を備えた車両。ある程度の装甲と火器を搭載するものが多い。
指揮通信車	部隊の指揮官が使用する。通信設備が充実している。
水陸両用車	厳密にいえば兵員輸送車や歩兵戦闘車、戦車や自走砲の派生型。上陸作戦や渡河作戦で使われる、水上航行可能な戦闘車両。

●汎用車両＝戦闘や後方支援を問わず使われる利便性が高い軍用車両。

小型汎用車	4輪の小型車両で、走破性を高めるために全輪駆動で走行するものが多い。最近では軽装甲を備えたものもある。
トラック	荷台を備えた輸送用の装輪車両。軍隊のワークホースとして様々な場面で活躍する。
装軌汎用車	不整地で使われる履帯を備えた小型汎用車両。
軍用乗用車	連絡用や高級士官の移動に使われる乗用車。
軍用二輪車	偵察や連絡任務で使われた軍用のオートバイ。サイドカー付きも使われた。

●支援車両＝後方支援や工兵が使用する専用装備に特化した車両。

専用輸送車	特定の装備や物資を運ぶ専用車両。戦車輸送車、弾薬輸送車、燃料輸送車などがある。
車両回収車	故障した車両を牽引して回収する機能を持った車両。
地雷処理車	地雷を除去する専用装備を持つ。
軍用重機	一般の工事や建設現場で使われる重機と基本的には同じ。中には戦場で使うために装甲化されたものも。
架橋車両	戦場で簡易的な橋を架ける機能を持つ。
戦場救急車	負傷した兵士を運ぶ。装甲化されたものもある。
生活支援車	調理設備など兵士の生活に必要な様々な装備を備えた専用車両。

豆知識

●**装甲列車も軍用車両？**→第二次大戦までは、鉄道を持つ多くの国で、列車に装甲と武装を施した装甲列車が、鉄道路線や輸送列車を警護するために使われた。貨車に装甲を施し、機関銃、対戦車砲、榴弾砲、対空砲などを装備して鉄道路線や輸送列車を襲う敵の来襲に備えていた。

No.004

装輪車両と装軌車両はどう違うか？

軍用車両には、車輪で走る装輪車両と履帯で走る装軌車両があるが、それぞれの特性に合わせた装備や目的、路面で使い分けられる。

●装輪車両と装軌車両のメリットとデメリット

軍用車両は、足回りに車輪を使った装輪車両と、履帯(りたい)(キャタピラ)を使った装軌車両に大きく分けられる。装輪と装軌にはそれぞれメリットとデメリットがあり、装備や目的、路面の特性によって使い分けている。

装輪車両の最大の特徴は、ゴムタイヤ付きの車輪により、道路など整地された路面では高い機動性が得られることだ。道路上では100km/h以上の高い速度を出せる種類も多い。また航続距離も装軌車両に比べて大きく、長距離を自走して移動することも可能だ。道路や比較的平らな場所では利便性が高く、そのため汎用車両の多くは装輪車両だ。ただし不整地での走行性能は限定的となり、車体の重量もあまり重くは作れない。

一方で不整地での機動性では、装軌車両に大きく軍配が上がる。特に泥濘地や砂漠、雪上など柔らかい路面では、車輪が空回りして行動不能になりやすく、圧倒的に装軌車両の天下となる。戦場では必ずしも整地された道路を通れるとは限らない。場合によっては道のない場所を進軍して戦わなければならないことも多いのだ。さらに障害物を乗り越える能力や、坂を登る登坂力なども装輪車両に比べ大幅に優れている。

もうひとつの装軌車両の利点は、より重い重量に耐えられるということだ。重量がかさばる分厚い装甲を備えた車両は、装軌式でなくては耐えられない。また反動が大きく威力のある大口径砲などを運用するにも、安定性が高い装軌式のほうが有利だ。

ただし装軌車両は、自力で長距離を移動することは苦手だ。無理すると故障を引き起こすことも多い。そのため、離れた戦場に投入されるときには、専用の輸送トレーラーや列車などに載せて運ぶ必要がある。燃費も装輪車両に比べて不利で、運用するには様々な支援が不可欠だ。

装輪車両と装軌車両のメリットとデメリット

	装輪車両	装軌車両
整地された道路での走行性能	○ 高速での移動が可能で、利便性もいい。	△ 走れるが、速度はあまり出ない。
比較的平らな不整地での走行性能	△ 状態によっては使える。	○ 問題なく使用できる。
路面が柔軟な不整地での走行性能	× 走行不能に陥りやすい。	○ 履帯の性能を発揮する。
長距離移動能力	○ 自走で長距離移動可能。	× 長距離移動にはサポートが必要。
登坂(とうはん)能力（坂を登る能力）	△ それなりに登れる。	○ かなりの急坂も登れる。
超堤高(ちょうていこう)（障害物を乗り越える高さ）	× 低い	○ 高い
重量	△ あまり重くできず、厚い装甲は無理。	○ 重く作れるので、厚い装甲や強力な武器を積める。
燃費	○ いい	× 悪い
整備性能	○ 整備しやすい。タイヤの交換もすぐできる。	× 履帯が切れたら、復旧に時間と人手が必要。

豆知識

●**戦車が装軌車両である理由**→戦車は戦闘場所を選ばないため不整地での機動力が重視される。また重量がもっともかさばるのは防御用の装甲だ。戦車が必要とする分厚い装甲の重量は、とても装輪式では支えきれないことも大きな理由だ。ただし近年は装甲を薄くした装輪戦車も登場している。

No.005

装輪車両の基本構造

車輪で走る装輪車両の基本構造は、民生品の自動車とさほど違わない。しかし不整地での走行性能を高めるための工夫が盛り込まれている。

●全輪駆動方式が、軍用車両の主流

装輪車両は小型のものは4輪だが、中型から大型になると6輪や8輪を備えているものもある。また大型の車両ではさらに多くの車輪を備え、タイヤを二重にしたダブルタイヤが使われることもある。軍用車両はタフな扱いでも壊れにくいように頑丈に作られてはいるが、基本的な構造は民生品の自動車と同じだ。搭載した動力機関(エンジン)から、**トランスミッション**や**プロペラシャフト**を経て、**駆動輪**に動力が伝えられる仕組みだ。

民生品の乗用車では、前輪が駆動輪となる前輪駆動や後輪が駆動輪となる後輪駆動などがあるが、現代の軍用車両では車輪全部に動力が伝えられる全輪駆動方式が主流だ。舗装路以外の不整地を走行することも多いことから、すべての車輪に駆動力を与えたほうが、安定した走行性能が得られるためだ。ただし、舗装路や平坦な場所を走ることが多い輸送用のトラックなどは、民生品と同様に後輪駆動方式のものも使われている。また燃費を良くするなどの理由から、必要に応じて全輪駆動と後輪駆動を切り替えるパートタイム方式の車両もある。よく「4×4(フォーバイフォー)」などと表記されることもあるが、これは4輪車で4輪共に駆動輪であることを示している。同様に6輪駆動車は「6×6」、8輪駆動車は「8×8」となる。8輪車で4輪のみが駆動輪の場合は「8×4」と表記する。

また、装輪車両の場合、前輪が**操舵輪**となって動くのが基本。中にはより小回りができるように、低速時には前輪と逆方向に後輪も切れ込む機能を備えた4輪操舵(4WS)方式を採用したものもある。8輪装甲車の場合は、操舵の利きを良くするために、前側4輪が操舵輪となっていることもある。特に小回り性能は、装輪車両の運用上重要な数値で、よくスペック表では最小旋回半径という項目で表示されている。

駆動系の基本構造

8×8の装輪車両の駆動系

エンジンで発生した動力は、トランスミッションで適度な回転に調整され、プロペラシャフトや横軸のドライブシャフトを経て、各駆動輪に伝達される。

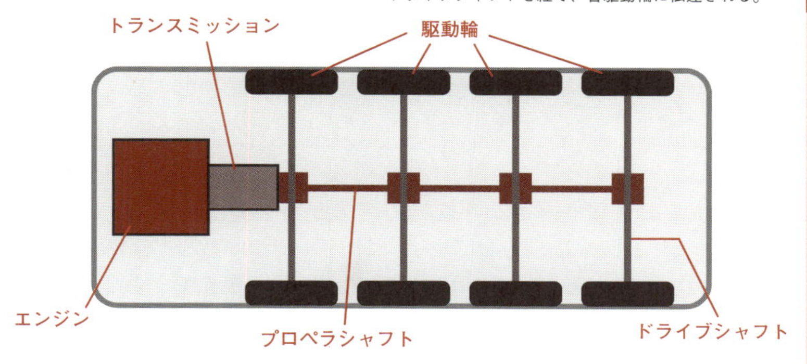

操舵方式

通常の4輪車

前輪が操舵輪となり、向きを変える。

4輪操舵車（4WS）

低速走行時のみ、後輪も操舵輪となる。

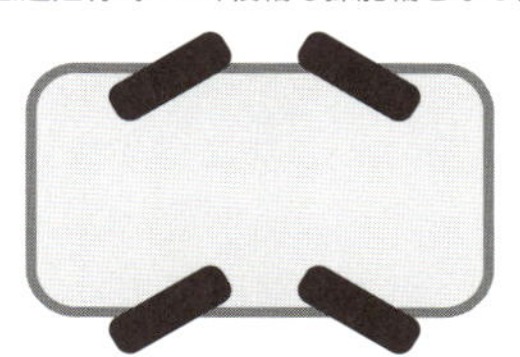

前4輪で操舵する8輪車

4軸8輪の車輪のうち、前側2軸4輪が操舵輪として、舵角をとって曲がる。前2輪だけより、小回り性能は高い。

用語解説

- ●**トランスミッション**→変速機。エンジンの回転を適正な回転に変速する。
- ●**プロペラシャフト**→動力を伝える回転する軸。
- ●**駆動輪**→動力が伝えられ駆動する車輪。
- ●**操舵輪**→方向を変えるために動く車輪。

No.006

多輪式装輪車両はなぜ生まれたか？

重量のある装甲車などでは６輪や８輪という多輪式が多く見られる。それは不整地での機動性能を確保するための工夫なのだ。

●より多くの重量を支え、不整地での機動力を確保する

中～大型で重量のある装輪車両、特に装甲を施してある装輪装甲車には、6輪や8輪の車輪を備えているものが多い。車輪の数が増えることには、構造が複雑になる反面、幾つかの大きな利点があるからだ。

まず、より重い重量を支えられることだ。ひとつの車輪が支える重量には物理的な限界があり、できるだけ少なくしたほうが高い機動性を維持できる。例えば車重12tの車両の場合、4輪車なら車輪1本あたりが支える重量は3t。これが6輪車なら2tになり、8輪車なら1.5tとなる。大型のトラックやトレーラーが、多くの車輪を備えているのも、重量を分散することが目的だ。

もちろん車輪を増やせばそれだけ重量増に繋がるし、走行抵抗の問題などもあるため、単に増やせばいいというものではない。例えば現代の装輪装甲車の中には、30t前後の重量級の車両もあり、それを8輪で支えている。1輪あたり4t前後の重量を支えることになり、これはほぼ限界に近い。

一方で装輪装甲車は、整地された道路だけでなく、ある程度の不整地での機動性も求められる。すべての車輪に駆動力を与える全輪駆動方式では駆動力を効率的に分散させることが可能だ。履帯（りたい）を履いた装軌車両ほどではないが、不整地の走破性をある程度確保することに貢献している。

さらに障害物を乗り越える能力も、多輪式のほうが高くなる。例えば溝や濠を越える場合、4輪だとタイヤの直径以上は難しいが、8輪ならば理論上は前部の2軸4輪分の幅を渡ることが可能だ。

また凸状の障害物を乗り越える場合でも、4輪の場合は凸部が高い地形では腹がつかえてしまい擱座（かくざ）してしまう。その点、8輪の場合は車輪と車輪の前後間隔が狭くつかえにくいことに加え、真ん中の4輪も駆動輪として働くため、よりスムーズに凸部を乗り越えることが可能となる。

車重と車輪の数の関係

車輪1輪あたりの荷重は3t

車重12tの場合

6輪車

車輪1輪あたりの荷重は2t

車重12tの場合

8輪車

車輪1輪あたりの荷重は1.5t

車重12tの場合

車輪の荷重が軽いほど負担は少なくなり、重量起因のスタックなども起こりにくくなる。ただし車輪が増えると重量や抵抗が増すジレンマもあり、バランスが重要だ。

凸凹に強い多輪車両

溝や濠を渡る場合

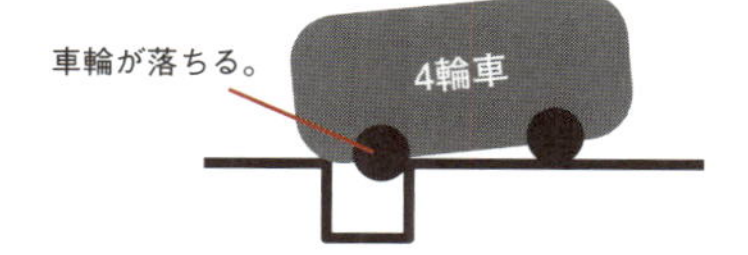

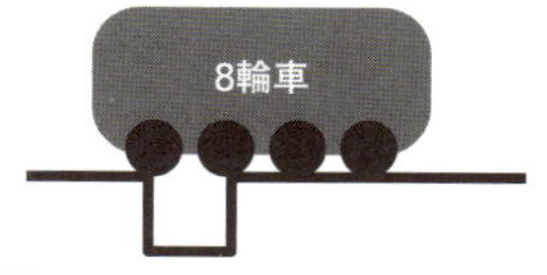

4輪車は車輪の直径を越える溝では落ちてしまい渡れないが、8輪車の場合、1輪が浮いても他の車輪が支えて2輪分の幅を越えることができる。

障害物を乗り越える場合

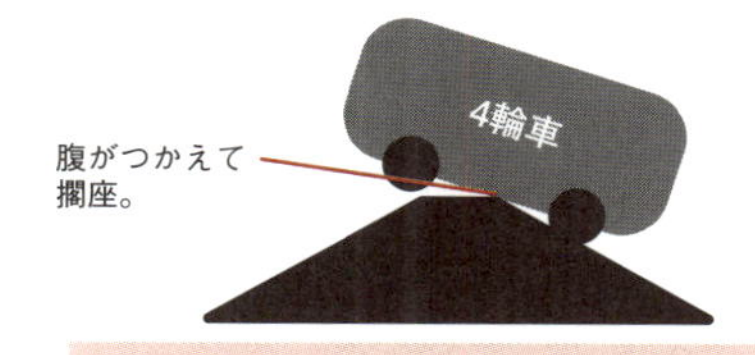

稜線のような地形や高さのある障害物を乗り越える場合、8輪車は中央の車輪があるため、腹がつかえて擱座することを防いでくれる。

豆知識

●**車輪が支えることができる重量**→第二次大戦時に活躍したドイツの8輪の重装甲車『Sd.kfz.234』は、車重約12tで1輪あたり1.5tを支えていた。しかし現在ドイツが採用する装輪装甲車『ボクサー』は、8輪ながら33t（1輪あたり4t強）ある。サスペンションやタイヤの進化で可能になった。

No.007

車輪やタイヤに様々な工夫あり

装輪車両を支える車輪には、ゴム製のタイヤが装着されている。タフな戦場で使うために、タイヤにも様々な工夫が施されているのだ。

●パンクしにくいコンバットタイヤ

現在の装輪車両の多くは、車輪に空気を入れたゴム製のタイヤを履いている。乗り心地やグリップ力を高めるのがタイヤの役割だが、その歴史は200年に満たない。長らく木や鉄の車輪が使われていたが、19世紀中ごろにゴムを車輪に張り付ける工夫が生まれた。その後1888年にスコットランド人のダンロップが、自転車用の空気入りタイヤを発明。自動車に使われたのは、1895年にレースで使用したフランスのミシュラン兄弟が最初だ。

装輪の軍用車両の車輪も、空気を入れたゴム製のタイヤを履いている。基本構造は民生品と変わらないが、過酷な環境に耐えられるように、様々な工夫がなされている。特に戦闘車両専用のタイヤはコンバットタイヤとも呼ばれ、タイヤの内部にスチール線やケブラー、アラミド繊維といった強度の強い素材を仕込み、鋭利なものや銃弾が突き刺さっても簡単に貫通したり裂けたりせずに、パンクやバーストしにくい構造となっている。

また、近年主流となりつつあるのが、ランフラットタイヤと呼ばれるもので、パンクして空気が漏れてもすぐには潰れず、一定の距離を走ることができる。タイヤのサイド部分の構造を強化したり、タイヤ内部に中子(なかご)と呼ばれる支える構造を組み込んだりして強化しているのだ。そのため、タイヤのパンクぐらいでは走行不能に陥らず、生存性が高まるのだ。

その他、軍事用の車輪技術として開発されたのが、タイヤの空気圧を高くしたり低くしたりするタイヤ空気圧調整装置。車両を止めずに、路面に合わせて空気圧の調整を行うことができる装置だ。滑りやすい軟弱な路面では、グリップ力を得るために空気圧を低めにすると効果があるからだ。

ただし、どんなタイヤでも不整地での走行性能には限界がある。特に路面の凍結や積雪の場合は、一般車両と同じくタイヤチェーンを装着する。

タフな戦場で使われるコンバットタイヤ

コンバットタイヤの機能と特徴

不整地での走行を考えたブロックパターン。

サイド部分も分厚く補強され、威力の弱い拳銃の弾程度なら貫通しない。

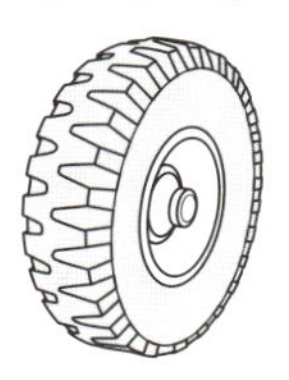

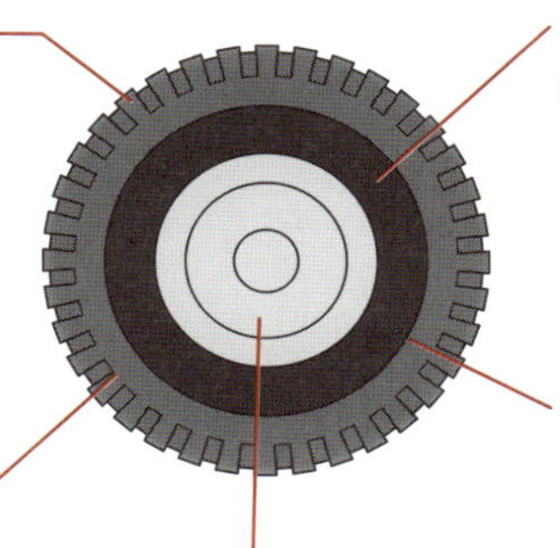

空気が抜けてもタイヤの強度だけで支えるランフラット構造を持つものもある。

釘などが刺さっても貫通しにくいスチール製補強ベルトや新素材の構造材を内蔵して強化。

ホイールに空気圧調整装置が付いたものは、路面の状態に合わせて容易に、空気圧を抜いたり高めたりできる。

空気が抜けても走れるランフラットタイヤ

サイドウォール強化型ランフラットタイヤ

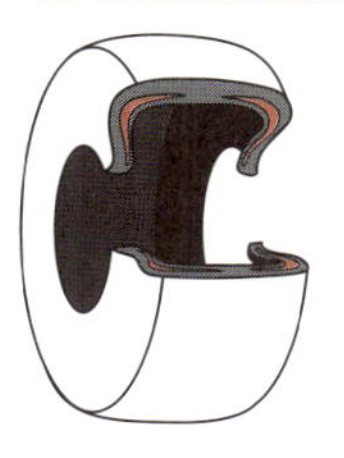

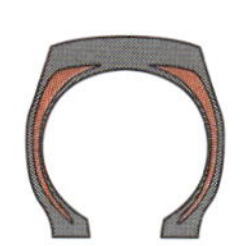

サイドウォール（タイヤの横側）の内部に補強を施し、空気が抜けても簡単に潰れない構造。

中子型ランフラットタイヤ

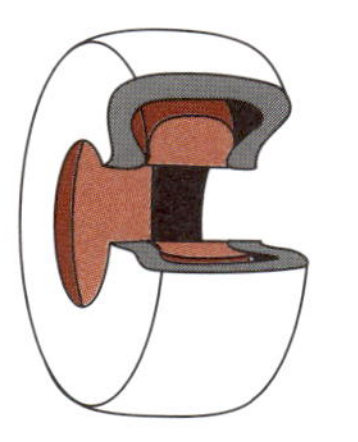

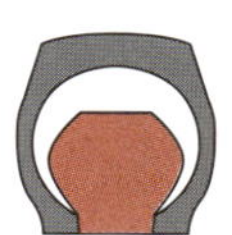

タイヤの内部にタイヤを支える二重の構造を作り、空気が抜けても一定以上は潰れないように工夫されている。

豆知識

●**空気がいらないノンパンクタイヤ**→内部までゴムで詰まったタイヤならパンクする心配はない。しかし重量がかなり重くなる上に、乗り心地は悪く高速走行が難しいなど、欠点も多い。現在ではフォークリフトのような低速作業車両のみで使われている。

No.008

履帯の構造と機能

戦車の登場以来、履帯を履いた装軌車両は、軍用車両の花形となった。
その最大の理由は、不整地での高い走破性を実現できるからだ。

●ベルト状の履帯が重量を分散し、不整地での走破性を高める

履帯は金属性のベルトを駆動させ、推進力にする装置だ。無限軌道とも呼ばれているが、これはベルトを鉄道のレール（軌道）に見立て、無限に続くレールの上を走るのと同じということからきている。また、よくキャタピラ（Caterpillar）ともいわれるが、これは履帯を実用化した米企業の登録商標。英語での一般名称はクローラー（Crawler）だ。

履帯そのものは、履板と呼ばれる板状のパーツをピンで繋ぎ、それを連続してベルト状にした構造だ。その片端に駆動力を伝える起動輪、その反対側に張りを保つ誘導輪がある。また複数の転輪で車体の重量を支え、補助転輪（ない場合もある）で履帯の上部を支えている。第二次大戦当時は起動輪が前側にあることが多かった。これは前側に駆動力をかけたほうが、履帯が外れにくいからだ。しかし履帯構造の改良が進んだ現在は、後輪を起動輪とするほうが主流。多くの戦車は後部にエンジンを積んでおり、後ろを駆動輪としたほうがよりシンプルな構造にできることが理由だ。

履帯を使う最大のメリットは、不整地での走破性の高さにある。履帯は接地面が広く路面との摩擦力も大きくなり、駆動力を確実に伝えられる。また車体の重量が履帯接地面全体に分散されることにより、接地圧が低くなる。そのため、軟弱な不整地でも沈み込むことなく走破することができるのだ。さらに接地圧が分散されることで、車体の重量を重くすることもできる。特に厚い装甲や搭載砲により重くなる戦車には欠かせない。現在の戦車は重量60t前後にもなり、車輪構造では支えることができないのだ。

とはいえ、履帯を履いた装軌車両もけして万能ではない。整地された路面では、装輪車両より機動性が劣り、燃費も悪く長距離移動には不向き。また整備も大変で故障も少なくないなど、運用に手間がかかるのも欠点だ。

履帯の基本構造

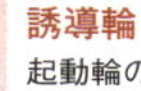

履帯の構造（ダブルピン式）

履板の両側に2本のピンが通り、その両サイドをブロックで繋いで連結させる。

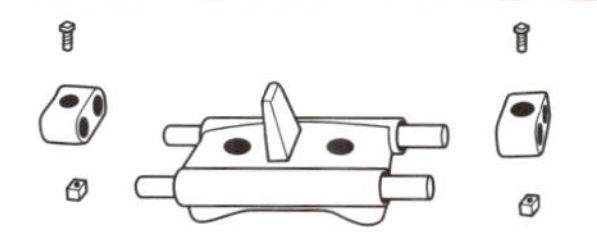
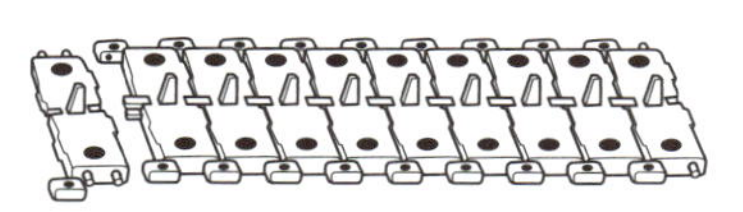

接地圧の低さが不整地での高い走破性を生む

装軌車両の接地圧＝低い

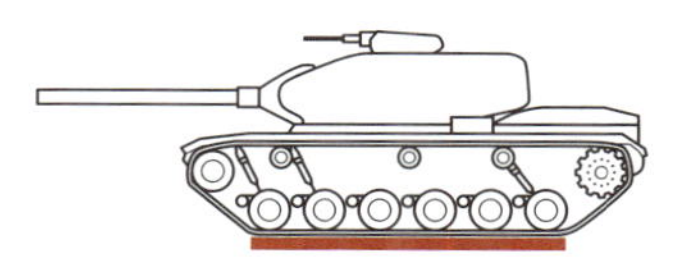

履帯は接地面積が大きく、その分接地圧は低い。戦車の場合、接地圧は0.8～1.2kgf/cm²程度でフル装備の歩兵と同程度しかない。

装輪車両の接地圧＝高い

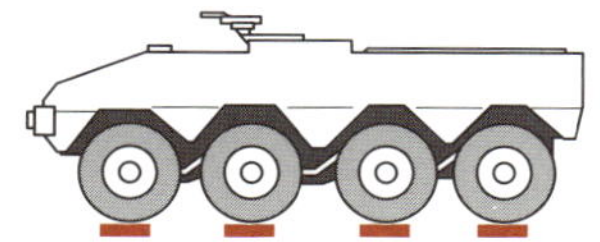

タイヤの接地面積は狭く、接地圧は高くなる。例えば4輪の装甲車なら2.5～5kgf/cm²、重量級8輪装甲車だと6～7kgf/cm²になる。

豆知識

●**ゴムクローラー→**金属製の履帯の欠点として、路面へのダメージが大きく騒音がうるさいことがある。そこで最近は、ゴムでコーティングしたゴムクローラーも使われるようになった。走る路面や状況に応じて、履帯をゴムクローラーに履き替えて使用することもある。

No.009

装軌車両はどのように方向を変えるのか?

向きが固定された2本の履帯を持つ装軌車両では、左右それぞれの履帯の速度を変えることによって方向を変えることができる。

●左右の履帯の速度を別々にコントロールする

装輪車両の場合は、ハンドルを回し前輪に角度を付けて(舵角という)方向を変える。一方で2本の履帯(りたい)(キャタピラ)で走行する装軌車両の場合、履帯が左右に動くわけではない。また起動輪や誘導輪、転輪は方向が固定されている。では、どうするかといえば、左右の履帯の速度を変えたり片方を止めたり逆転させることで、車体の向きを変えて旋回している。

例えば、走行中に左側の履帯の速度を緩めれば、左方向へと車体の向きは変わっていく。両方の履帯の速度差が大きいほど、曲がる角度も大きくなる。片方の履帯を完全に止めてしまえば、より急激に向きは変わる。車幅程度のスペースで止めた側の履帯を軸にして180度回転することもできる。これを「信地旋回」という。

さらに、左右の履帯を逆転して動かすことで、その場に留まったまま車体を回転させる荒業もある。これは「超信地旋回」と呼ばれ、装軌車両ならではの特徴的な機動だ。ただし履帯に大きな負担をかけるため、舗装路などで多用すると、履帯を切ってしまうなど故障の原因になりかねない。

第一次大戦中に登場した初期の大型戦車には、左右それぞれの履帯を動かす専用の要員がいて、駆動力をクラッチでオンオフしたり、左右個々の変速機で履帯の速度を変えることで、車体の方向を変えた。

しかしその後、装軌車両の操縦装置は大きく改良され、1人の操縦手が左右の履帯をコントロールする2本の操縦レバーを別々に動かして、方向を変える方式となった。建設用の重機などは今も2本レバー方式が主流だ。

現代の装軌車両では、普通の自動車と同じようなハンドル式の操縦装置が採用されている。しかしハンドルの切り具合に応じて自動的に左右履帯の速度をコントロールしているだけで、基本的な原理は変わっていない。

装軌車両の方向転換

直進する場合

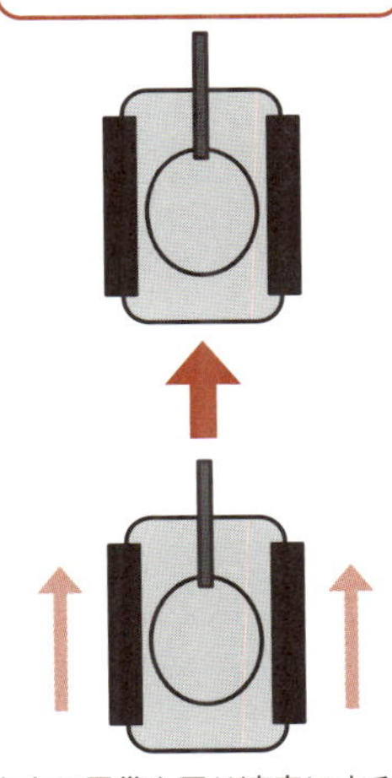

左右の履帯を同じ速度にすると直進する。

緩やかに曲がる場合

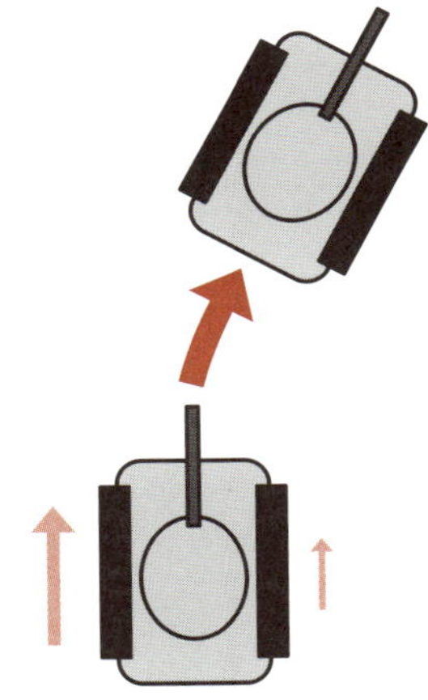

片側の履帯を遅くすると、そちらに曲がる。

信地旋回

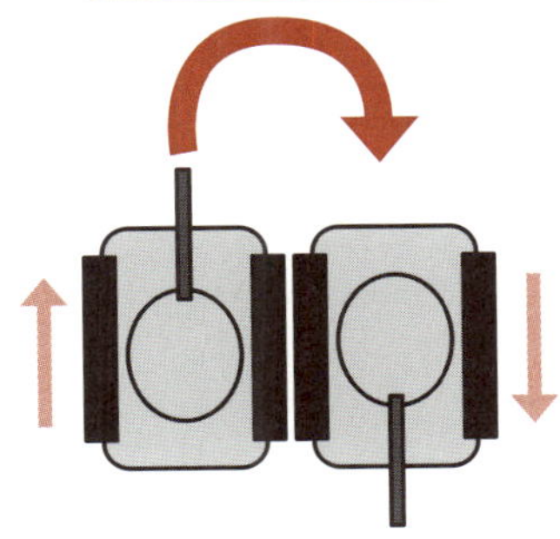

片側の履帯を完全に止めると、車幅のスペースで旋回できる。

超信地旋回

片側の履帯を同じ速度で逆転させると、その場で旋回できる。

豆知識

●**初期の戦車は操縦が大変**→第一次大戦で登場した初期の大型戦車では、操縦は4人がかり。ブレーキ手を兼ねる車長の号令で、変速機とアクセルを操作する操縦士と、左右それぞれの履帯に繋がる2つの副変速機を操作する副操縦士2名が、息を合わせて操縦しなければならなかった。

No.010

両方いいとこ取り(?)のハーフトラック

ハーフトラックは、トラックの使い勝手の良さと装軌車両なみの不整地走破性能を併せ持つ目的で開発され、第二次大戦で活躍した。

●前輪で曲がり後部に履帯を持つ、合いの子車両

ハーフトラックは半装軌車ともいわれ、装輪車両と装軌車両の特徴を兼ね備えた車種だ。前輪を持つと同時に後部には履帯(りたい)(キャタピラ)を備えている。装輪車両の利便性を残したまま、不整地での走行性能を持たせるために編み出されたアイデアだ。

ハーフトラックの元祖は、第一次大戦後に開発されたフランスの『シトロエン・ケグレス・ユニック』だ。誕生した背景には、当時のフランスが道路状況の悪いアフリカに多くの植民地を抱えており、路面が悪いエリアで使える貨物輸送車を必要としていたことがある。1920年代には、これをベースとして装甲を施した、軍用の半装軌装甲車も登場した。

その不整地での実用性に注目し、アメリカとドイツが相次いで軍用のハーフトラックを開発した。アメリカの『M2/M3ハーフトラック』や、ドイツの『Sd.kfz.250/251』は、第二次大戦を通して兵員輸送や大砲などの牽引、さらには戦闘任務まで多用途に活躍し、多くの派生型を生み出した。

この2車種が軍用ハーフトラックの代表としてよく比較されるが、走行機構はそれぞれ違いがあった。『M2/M3』は、後部の履帯だけでなく前輪にも駆動力が与えられたが操舵は普通のトラック同様に前輪のみで行われた。一方で『Sd.kfz.250/251』は、前輪には駆動力がなかった。操舵は緩やかな場合は前輪のみで曲がり、15度以上に深く曲がる場合は、前輪の舵角と連動して左右の履帯の回転速度を調節し、装軌車両と同じ原理で曲がった。

この他旧日本軍も半装軌式の牽引車や装甲車を開発。またイギリスやロシアでは、アメリカから供与された車両が活躍した。しかし、道路上ではトラックより機動性が悪く、路外の不整地走破性は装軌車両に及ばないという中途半端な性能があだとなり、その後は開発されることはなかった。

ハーフトラックの構造

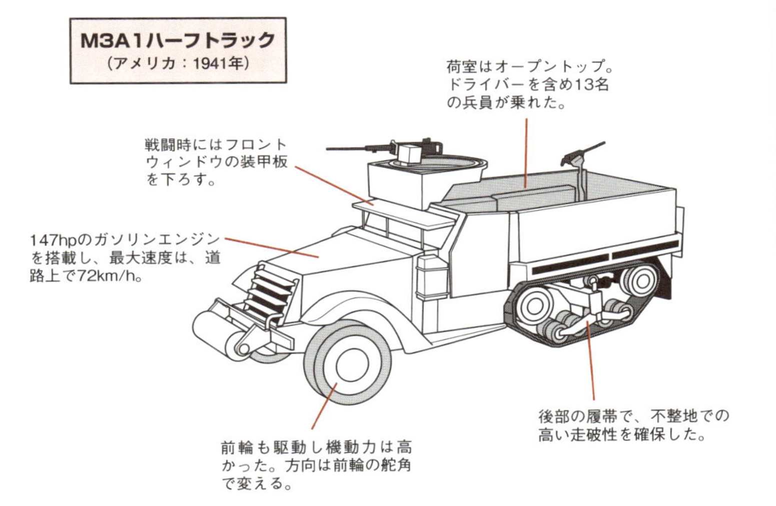

ハーフトラックはなぜ消えたか?

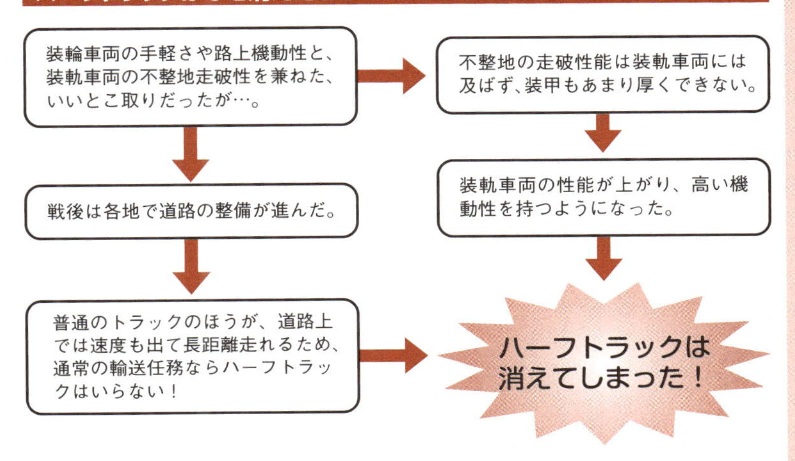

豆知識

●**日本軍のハーフトラック**→第二次大戦時には日本軍も、アメリカのハーフトラックの影響を受けて、『98式高射砲牽引車』や『1式半装軌装甲兵車』といった半装軌車両を開発した。しかし100両程度しか作られなかったこともあり、あまり知られていないレアな車両だった。

No.011

ガソリンエンジンとディーゼルエンジン

自動車用として普及しているガソリンエンジンだが、爆発しやすいなどの欠点から、軍用車両ではディーゼルエンジンに主役の座を譲った。

●現在の軍用車両はディーゼルエンジンが主流

第二次大戦以前は、主にガソリンエンジンが使われていた。コンパクトで高い出力を得られるため自動車のエンジンとして普及し、そのまま戦車や装甲車などの軍用車両にも採用された。しかしガソリンエンジンには軍用車両にとっては不都合な一面もあった。燃料となるガソリンは引火して爆発しやすく、敵の攻撃を受けた場合に致命的なダメージを負う可能性が高かったのだ。まさに軍用ならではの悩みだった。

ディーゼルエンジンは、ガソリンより引火しにくい軽油を主燃料とする。しかし、より頑丈な構造が不可欠で、当初は小型化が難しかった。軍用車両で実用化されたのは、1930年代に入ってから。第二次大戦中には、ソ連や日本で実用化され、アメリカなどでも使われた。特にソ連の傑作戦車『T-34』の成功は、ディーゼルエンジンの可能性を世界に知らしめた。

ガソリンエンジンとディーゼルエンジンは、使う燃料や、燃料への着火方式は異なるものの、基本構造に大きな違いはない。実際、初期の軍用ディーゼルエンジンは、既存のガソリンエンジンを改造して開発されていた。エンジンの特性としては、ガソリンエンジンは高い出力を得やすく最高速度を高くしやすい。一方ディーゼルエンジンは、加速性能に有効な大きなトルクを発生しやすい。ストップ＆ゴーを繰り返す使われ方をする軍用車両には、特性的にも向いている。

また、ディーゼルエンジンのほうが燃費はいい。しかも軽油以外にも、重油の一部や航空燃料などでも動かすことができる多種燃料対応エンジンにもしやすく、戦地での燃料補給にも有利だ。戦後、小型化や高出力化が進むにつれ主流となり、現在は多くの軍用車両がディーゼルエンジンを積んでいる。ガソリンエンジンを使うのは、二輪車や小型車両の一部のみだ。

軍用車両にはディーゼルエンジンのほうが向いている?

ガソリンエンジンとディーゼルエンジンの特徴

	ガソリンエンジン	ディーゼルエンジン
使用燃料	ガソリン（引火点／ -40℃、常温で引火する）。	軽油（引火点／ 45℃、常温では引火しにくい）。他に重油、航空燃料など。
構造的特徴	電気的に着火するので、シリンダー内の圧縮は低め。そのためコンパクトで軽量な構造にしやすい。	シリンダー内で、高い圧縮をかけ自然着火させる。その分、頑丈な構造が必要で、重量も重くなる。
性能的特徴	小型エンジンでも高出力（馬力）を得やすい。速度を出すのに向いている。	大きなトルクを得やすく、加速性に優れ重量のある車体にも向いている。
攻撃を受けたら？	ガソリンに引火して、爆発する危険が高い。軍用車両にとってはダメージが大きな不安要素だ。	軽油は燃えるが、爆発しにくい。破壊されても、火災だけですむ可能性が高い。消火すれば助かるかも？

現在の軍用車両では、ディーゼルエンジンが主流！

ディーゼルエンジンの有用性を立証した『T-34』

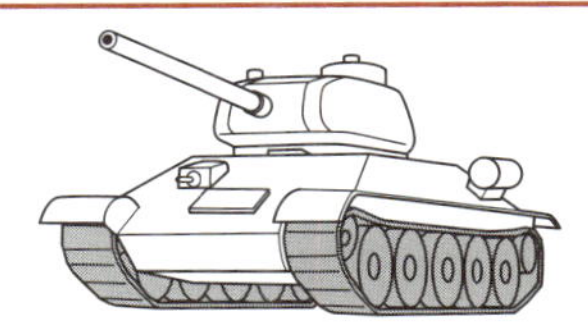

第二次大戦でソ連を勝利に導いたといわれるバランスの取れた傑作戦車。搭載されたディーゼルエンジンは航空機用のガソリンエンジンを改造して開発された。燃費が良く、被弾しても燃料の軽油は爆発しにくかった。

出力（馬力）とトルク

エンジンの性能を表すときに、「最高出力」（単位はhp、PS、もしくはkW）と「最大トルク」（単位はkg・mもしくはN・m）という2つの数値が使われる。その違いを簡単な概念で説明すると、「最高出力」は自動車の速さの指標で、「最大トルク」は停止状態からの加速に役立つ力と思えばいい。ディーゼルエンジンでは、比較的低回転で「最大トルク」を発揮するため、発進時の加速が良くなる特性がある。

豆知識

●**日本が先駆けとなったディーゼルエンジン**→日本の『八九式戦車』は、世界に先駆け1934年にディーゼルエンジンを戦車に搭載して実用化した。その評価は高く日本の伝統となり、旧日本陸軍、そして陸上自衛隊の現在まで、日本の主要な軍用車両にはディーゼルエンジンが使われている。

No.012

エンジンを冷やす仕組み

エンジンの性能を維持するには、効率良く冷やす機構が欠かせない。水を使う水冷式と、空気で直接冷やす空冷式の、2つの方式がある。

●水冷式と空冷式

エンジンは、内部で燃料を燃やして動力に変えるため、別名で内燃機関とも呼ばれている。燃料を燃やすことにより大きな熱を発生するのだが、一定以上熱くなりすぎるとオーバーヒートという現象を起こし、エンジンの効率が低下して、ついには破損してしまう。

そこで、エンジンを効率的に動かし続けるためには、加熱したエンジンを冷やす機構が欠かせない。初期のエンジンでは、単純に水を熱くなったエンジンにかけて蒸発する気化熱でエンジンを冷やしたが、これは燃料と同時に常に水を補給しなければならず、実用性が低かった。

それを改良して登場したのが、ラジエーターという装置を装備した「水冷(液冷)エンジン」だ。ラジエーターから送り出される水がエンジンの周囲を巡って冷却。熱せられた冷却水はラジエーターに戻され、ラジエーターに外気を当てることで冷やされる。温度の下がった冷却水は、再びエンジンへと循環していく仕組みだ。

一方で、エンジン本体に放熱フィンを付けるなど放熱しやすい構造にして、風を当てて空気で冷却する方式が「空冷エンジン」だ。エンジンに直接空気を当てなくてはならないため空気が通るスペースを確保する必要があり、空気を送る強力なファンを備えるなど構造上の制約はあるが、エンジンそのものの機構は単純。しかも水を必要としないのが特徴だ。冷却効率は水冷エンジンに劣るが、戦地で大量の水を確保しなくてすむため、第二次大戦のころは空冷エンジンが多く使われた。

戦後もしばらくは、それぞれの特徴を生かして、水冷式と空冷式の両方が使われていた。しかし、エンジンの小型化と高出力化が進むにしたがって、現在は冷却効率が高い水冷エンジンが大半を占めるようになった。

水冷エンジンと空冷エンジン

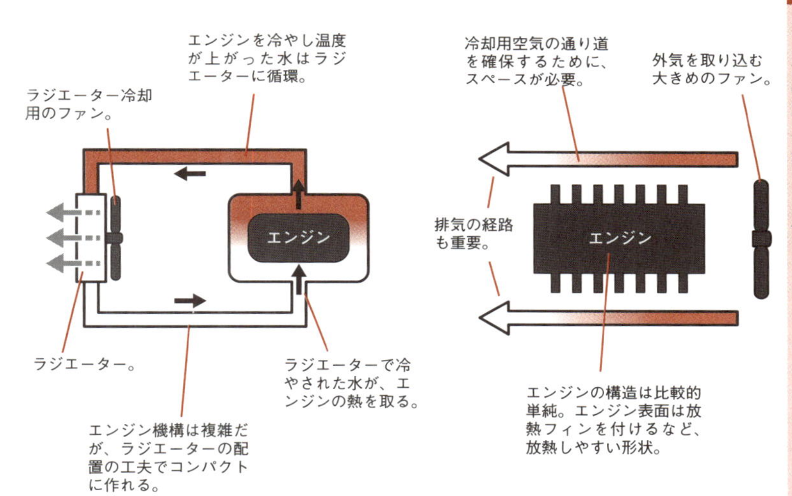

水冷式と空冷式の○と×

	水冷エンジン	空冷エンジン
冷却効率	○	×
システム全体のコンパクトさ	○	×
配置の自由度	○	×
構造の単純さ	×	○
整備性の良さ	×	○
水の補給	×（水が不可欠）	○（不要）

豆知識

●**二輪車の冷却**→車内にエンジンを収める軍用車両とは異なり、エンジンが露出している軍用二輪車では、近年まで空冷式エンジンが使われていた。しかし、高出力化の波はここにも押し寄せ、最新モデルでは水冷式エンジンを備えた機種が導入されつつある。

No.013

新世代のエンジン

ジェットエンジンと同じ原理のガスタービンや、発電機とモーターを組み合わせたハイブリッドエンジンは、今後有望な新世代エンジンだ。

●ジェット機のエンジンと同じ原理のガスタービン

ガスタービンエンジンは、飛行機に使われるジェットエンジンと原理は同じだ。違いは、ジェットエンジンは燃料を燃焼させてガスを噴出しその反動を推進力とするが、ガスタービンエンジンでは噴出したガスをタービンブレード(羽根)に当てて回転運動に変える。単純な構造で壊れにくく、サイズのわりに高い出力が得られ、船舶のエンジンとしても使われている。

ガスタービンは戦車のエンジンとしてもメリットは多い。高出力で応答性に優れ、急激な加速が可能。使用燃料も、航空燃料(高精製の灯油)や軽油の他に一部の重油も使用できるなど、多種燃料に対応する。しかし燃費が極端に悪いのが大きな欠点。特に低速時にはバカスカ燃料を消費する。最近はかなり改善されたがそれでも同クラスのディーゼルエンジンの1.5倍以上だ。現在の軍用車両では、アメリカの戦車『M1エイブラムス』とロシア(旧ソ連)の『T-80戦車』のみが実用化している。戦場での燃料補給の兵站を十分に確保できる大国でしか実用化できないのだ。

●エンジンで発電しモーターで走るハイブリッド車両

今や民生品の自動車で人気のハイブリッド(ガス・エレクトリック)エンジンだが、軍用車両のアイデアとしては、かなり昔からある。一時は廃れたが昨今の民生品の成功に伴い、軍用車両でも新たな開発が進んでいる。

利点としては、まず燃費がいいことがあげられる。またモーターは電圧で自由に回転数を変化できるので、大掛かりな変速機構を必要としないこと。発電用のエンジンをモーターと切り離して設置できるため、車内レイアウトの自由度が上がることなども利点だ。装輪、装軌を問わず、ハイブリッドエンジンの利点が見込めるため、今後普及するはずだ。

ガスタービンエンジン

○ メリット
- コンパクトなサイズのわりに高出力。
- 急な加速にも対応。
- 単純な構造で壊れにくくメンテナンスも楽。
- 航空燃料（灯油）、軽油、重油など多種燃料が使える。

✕ デメリット
- 燃費が非常に悪い！（燃料消費量は1.5倍以上）

→ 戦場でも大量の燃料補給が可能な能力のある大国しかガスタービンエンジンは維持できない。

ハイブリッド（ガス・エレクトリック）エンジンの概念

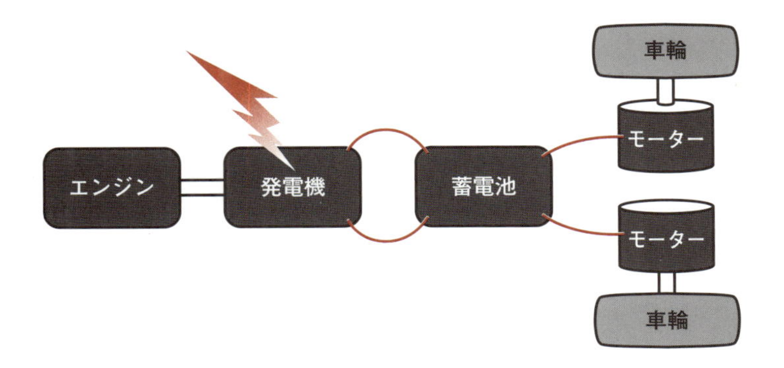

ハイブリッドエンジンのメリット
- 燃費がいい。
- モーターは回転を自由に変えられるので、変速機がいらない。
- エンジン＆発電機と、蓄電池、モーターを分離して配置できる。
- 短時間ならエンジンを動かさずに走行できるので、隠密性に優れる。

豆知識

●**ハイブリッド戦車の先駆け**→第一次大戦時のフランスの『サンシャモン戦車』が元祖だ。また第二次大戦後期には、アメリカの『T-23戦車』やドイツの『エレファント駆逐戦車』が、少数ながらも実戦投入された。ドイツが試作した重量100tの超重戦車『マウス』も、ガス・エレクトリック方式を採用していた。

No.014

速度を変える変速機(トランスミッション)

エンジンで走る車両には、エンジンが発生した駆動力を適度な回転に変速する変速機（トランスミッション）が必ず備えられている。

●現在は自動変速を行うオートマチックトランスミッションが標準

エンジンが発生した回転力を、駆動する車輪に伝達する途中で、適度な回転速度に変換する機器を変速機(トランスミッション)と呼ぶ。エンジンを積んだ車両には不可欠で、機械式の変速機は幾つかのギアを組み合わせることで、低速から高速まで走る速度を変える。ちなみにエンジンの駆動力が一定であれば、低いギア比(ローギア)では速度が出ない代わりに車輪に伝わる力が大きくなり、高いギア比(ハイギア)ではその逆となる。

不整地を走ったり重量物を運ぶことが多い軍用車両では、普通の自動車より低いギア比を装備する車両が多い。また、副変速機を備えて変速する段数を増やすことで、悪路走破性をさらに向上させた車種もある。

この変速のさいのギア切り替え操作を手動で行うのが、マニュアルトランスミッション(MT)だ。MTで変速するさいには、クラッチと呼ばれるオンオフ装置で駆動力を一瞬切った隙に、ギアの組み換えを行って変速する。第二次大戦までの軍用車両はMT式が主流だったが、クラッチ操作や変速操作にはかなりの力が必要で、操縦士の体力的負担が大きかった。

一方でこのクラッチ操作や変速作業を自動的に行うのが、オートマチックトランスミッション(AT)だ。自動車大国のアメリカで一般車両向けに1940年代に開発され、第二次大戦後になると世界各国に広まっていった。トルクコンバータと呼ばれるクラッチを使わない自動変速機の導入は、パワーステアリング機構と共に、操縦士の負担を大幅に軽減させた。現在の軍用車両では、特殊なものを除き、ほとんどがATを採用している。

大出力のエンジンを搭載する軍用車両では、変速機の故障はけっこう多い。そこで戦車などの大型車両では、エンジンと変速機を一体化して考えたパワーパックとして開発。交換時はパワーパックごと行うことが多い。

ギア比の概念

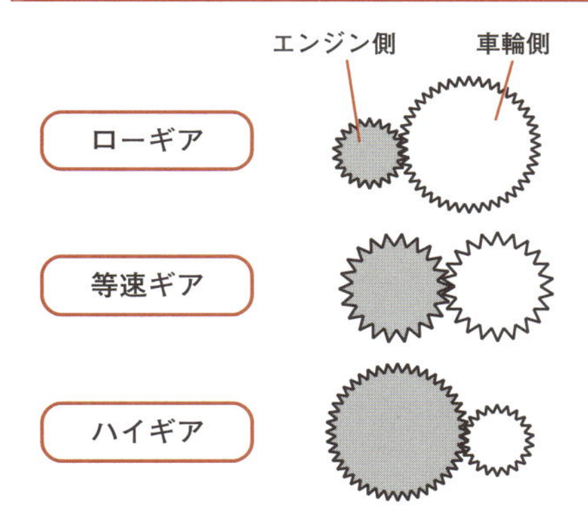

ギアの歯数の比率が大きい。例えば1：2の場合は、回転数は半分の速度になるが伝える力は倍になる。

ギアの歯数の比率が1：1。エンジンの回転数や力がそのまま伝わる。

ギアの歯数の比率が小さい。例えば2：1の場合、エンジンの回転数は倍の速度で伝わるが力は半分になる。

ギアの組み合わせ（段数）が多いほど、走行状況に合わせた最適のギア比が選べる。不整地をゆっくり確実に走ったり重量物を運んだりする軍用車両では、ギアの段数を増やし、特にローギア側を充実。ギア比をさらに低くしたスーパーローを備える車両も。

トランスミッションの違い

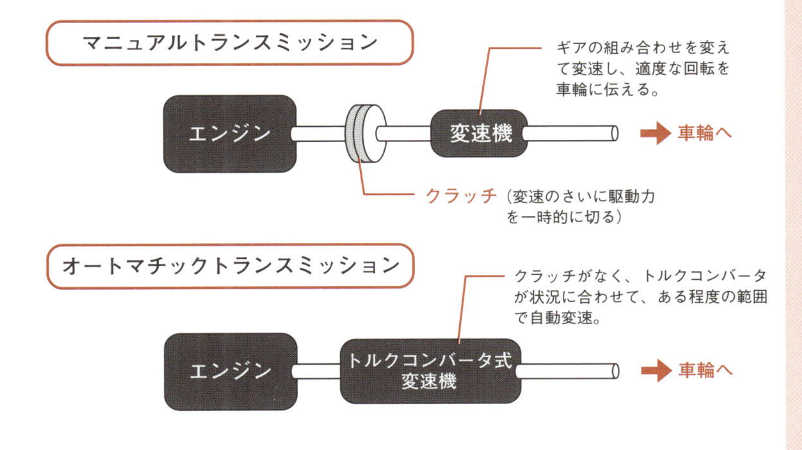

用語解説

●**ギア比**→組み合わせる2枚のギアの歯数の比率。

●**パワーステアリング**→車両の多くは、ハンドルで操舵を行うときに、前輪を曲げるのに大きな力を必要とする。そこでステアリングシステムにアシスト機構を付けて、楽に操舵できるようにしたもの。

No.015

目的によって変わるエンジンレイアウト

車両の中でエンジンは容積が嵩張る重要なパーツだが、軍用車両ではその配置位置にも大きな理由がある。目的があってこその構造だ。

●軍用車両のエンジンは、目的主体でレイアウトが決められる

普通の自動車では、エンジンは車の前部に積まれているフロントエンジン方式が多い。後部にエンジンを積むリアエンジン車や中央に積むミッドシップエンジン車もあるが少数派だ。軍用車両の中でも汎用車両は、その多くがフロントエンジンだ。後部に荷物や装備を積むスペースを確保するためには、容積と重量がそれなりにあるエンジンは車体の前側に配置するのが自然。またエンジンの冷却を考えても、フロントエンジンのほうが外気を取り入れやすいというメリットがある。

一方で敵と真正面から向き合って撃ち合うような戦闘目的の戦車となると、事情は大きく変わってくる。冷却のための空気の取り入れ口は、敵の攻撃を受けたときに防御上の大きな弱点になってしまうからだ。そこでエンジンを車体の後部に配置することで、正面にいる敵の攻撃から撃破されにくいように工夫されている。

また戦車の場合、正面の敵の攻撃を受け止めるために、前部正面側の装甲を厚くする。正面装甲の裏にエンジンを置くと整備するのが大変だ。前後の重量バランスの面でも、重いエンジンを後部に配置するほうが有利だ。

ところが、同じ戦闘に投入される装甲車両でも、歩兵を輸送する兵員輸送車の場合は事情が違う。戦場で歩兵が出入りするための大きなハッチは、敵の攻撃を受けにくい後部に配置することが多い。そのため、後部に大きなエンジンを積むと、歩兵の出入りに邪魔になってしまうのだ。そういった事情から、装甲兵員輸送車では車体の前側にエンジンを配置する。あくまでも歩兵にとっての使い勝手が、もっとも優先されるのだ。

このように軍用車両では、どんな目的を持った車両なのかによって、エンジンの配置位置が変わる。任務があってこそのエンジンレイアウトだ。

軍用車両のエンジン配置

汎用車両（トラック）
荷物を運ぶことが主任務

後部の一番大きなスペースには、荷物を積載するための荷台がある。

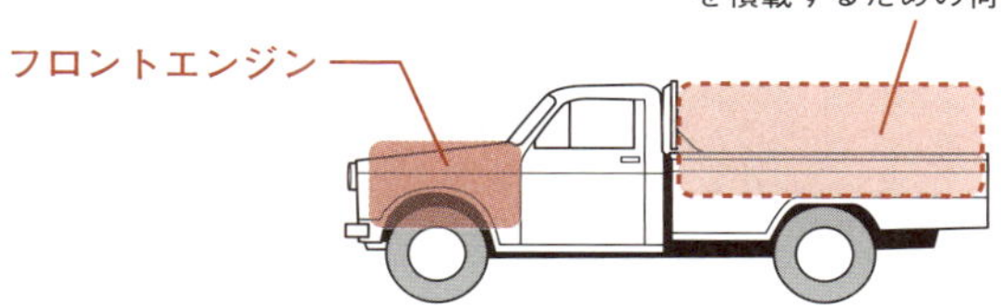

戦車
敵と正面から戦うことが主任務

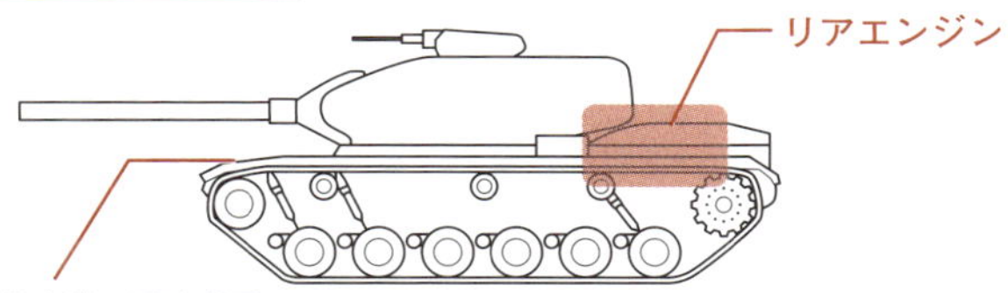

前部には敵の攻撃を跳ね返す分厚い装甲を施してある。攻撃に弱いエンジンは、後部に配置。

装甲兵員輸送車
戦場で歩兵を運ぶことが主任務

車体の後半には歩兵を収容する大きなキャビン。後面には兵員が出入りする大きなハッチを設置。

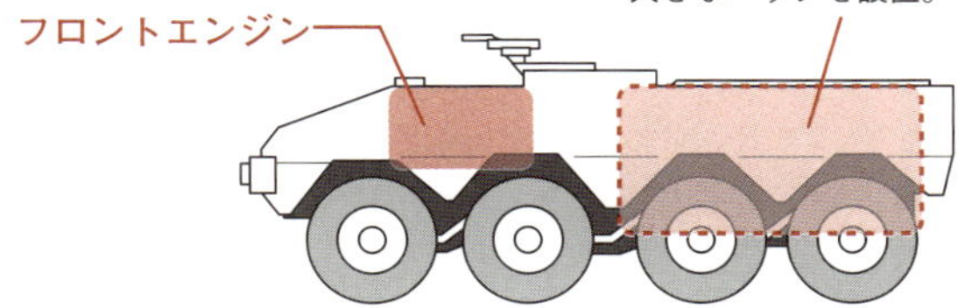

豆知識

●**フロントエンジンの戦車**→イスラエルが開発した『メルカバ戦車』は、数少ないフロントエンジンを採用した戦車だ。これはエンジンも防御の一部と考えて、敵の砲撃で損傷を受けても搭乗員を助けることが第一という設計思想だ。そのため車体後部には余剰スペースがあり、乗員脱出のハッチまで付いている。

No.016

車体構造の違い

車両の基本には、フレームを骨格にしてその上にパーツを組み付けるフレーム構造と、外板そのままを構造材とするモノコック構造がある。

●フレーム構造とモノコック構造

車両の車体は、**車台**の基本構造の違いで大きく2つに分類できる。車体の中にフレーム(シャシーともいう)を備えて骨格としているフレーム構造と、車体の外板そのものを構造体としたモノコック構造だ。

トラックや小型車両などに多く使われているのが、フレーム構造だ。フレームといっても様々な形式があるが、主流はラダーフレーム(梯子状骨格)といわれるタイプ。2本の前後に伸びるメインフレームの間を何本かの横方向のクロスフレームで結んだもので、簡易な構造ながらも高い剛性がある車台となる。このラダーフレームにエンジンやサスペンションを組み込み、その上にボディを被せるというのが基本の構造だ。

一方で戦車や装甲車など、車体の外板が装甲を兼ねていて強度が高いものは、装甲板同士を組み合わせて箱型の車台を作るモノコック構造を採用している。初期にはフレーム構造の上に装甲を張り合わせる方式もあったが、強度が高い頑丈な装甲板を使うようになった第二次大戦時には、すでにモノコック構造が主流となり、現代に至っている。

装甲板同士を繋ぎ合わせてモノコック構造のプラットホームを作る方法は、大まかに3つの工法に分類される。初期にはリベットやボルトで装甲版を繋ぎ合わせるリベット接合が主流だった。しかしリベットの分だけ重量が嵩む上に、敵の攻撃を受けるとその衝撃でリベットが千切れて飛び、内部の搭乗員に損傷を与えるという欠点が露呈した。現在主流となっているのは、**電気溶接**によって装甲板を繋ぎ合わせる溶接接合だ。初期には接合精度が低かったが、技術の進歩により普及した。その他、車台を**鋳造**(ちゅうぞう)で一体成型する鋳造構造もあった。大量生産に向いているため第二次大戦時に使われたが、生産精度が低く強度にも限界があり、やがて廃れていった。

ラダーフレーム構造

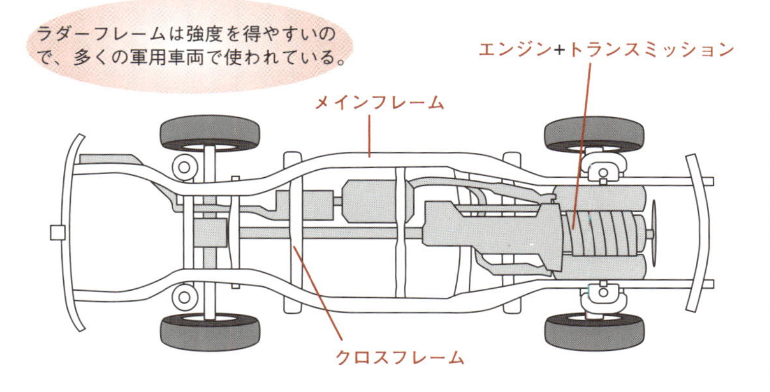

戦車のモノコック構造

堅牢な装甲を持つ車両は、外板の装甲板を組み合わせたものを、そのまま車台として使用する。フレームがない分、重量も軽減される。

リベット接合

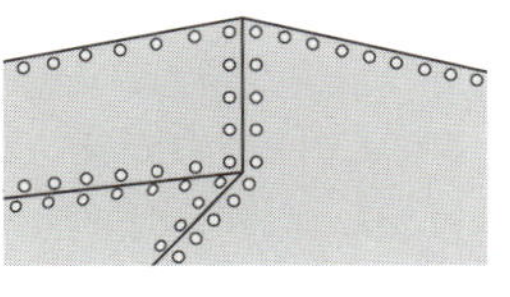

装甲板をリベットで接合する。リベットの分だけ重量が嵩み、リベットが千切れる危険性が高く、廃れた。

溶接接合

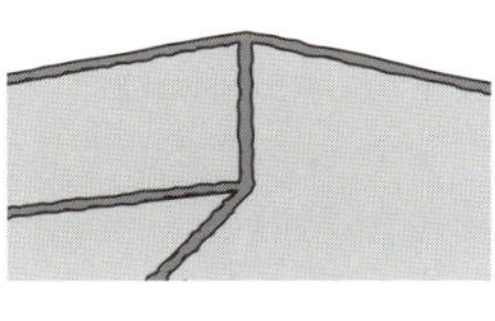

装甲板を電気溶接で接合する。角ばった接合面が特徴。生産技術が進んだ結果、その後の主流になった。

鋳造構造

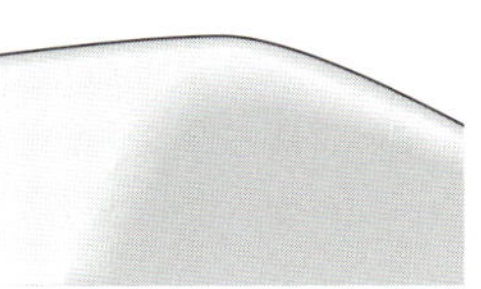

車台全体を鋳造で一体成型して作る。曲面構造が作りやすく、大量生産にも向くが、装甲板の構造が複合的になり廃れた。

用語解説

●**車台**→車両の基本となる構造体。プラットホームとも呼ぶ。
●**電気溶接**→放電現象による熱を利用して、溶接剤と装甲板を高熱で溶かし融合させて接着する手法。
●**鋳造**→金属を高温で液体状にして、鋳型（いがた）に流し込んで作る工法。

No.017

車輪や履帯を支えるサスペンション

車輪の基部にあり、乗り心地を良くする装置がサスペンションだ。車輪や履帯が路面をしっかり捕まえるためには、欠かせない仕組みだ。

●大別すると３つのタイプに分かれる

サスペンション(懸架装置)は、車輪の基部に設置されており、車輪を稼動させることで路面の凹凸を吸収する緩衝装置のことだ。また車輪を路面に押し付け、十分な駆動力を伝える役目もある。サスペンションの基本構造は、緩衝機能のあるスプリングと、スプリングが動きすぎないように制限するショック・アブソーバーという2つのパーツの組み合わせからなる。軍用車両で使われているのは、3つのタイプに大別される。

まずひとつ目が、車軸(左右の車輪を繋ぐ軸)ごとにサスペンションを装備した車軸懸架式サスペンション。比較的構造が単純で、強度や耐久性を得やすいのが特徴。一方、左右の車輪の動きが連動するデメリットもある。

2つ目は、それぞれの車輪ごとにサスペンションを設置する独立懸架式サスペンション。構造は複雑になるが、車輪が別々に動く。特に不整地を走る場合は大きな効果を発揮する。昨今のフレーム構造(No.016参照)の装輪車両では、独立懸架式が主流となっている。

3つ目は戦車などの頑丈なモノコック構造の車両で用いられるトーションバー方式。トーションバー(ねじれ棒)という弾力性のある金属の棒の片側を、モノコック車台の内側に固定し、その反対側は車輪に繋がるスイングアームに繋がっている。トーションバーがねじれては戻る力を利用したサスペンションだ。単純な構造で壊れるリスクが低く、スペースも少なくてすむなど利点は多い。頑丈なモノコック構造の戦車などで車重を支える転輪に使われる他、一部の装輪装甲車でも使われている。

この他に少数派だが、車体の姿勢制御を自由に行える油気圧式のアクティブサスペンションも、陸上自衛隊の戦車などに搭載されている。ただし構造が非常に複雑になり故障の懸念も大きいとされ、採用は限定的だ。

代表的なサスペンション

車軸懸架式サスペンション

車軸に対してサスペンションが働く構造で左右の車輪が連動して動く。機構が単純で頑丈。トラックの後輪などに使われる。

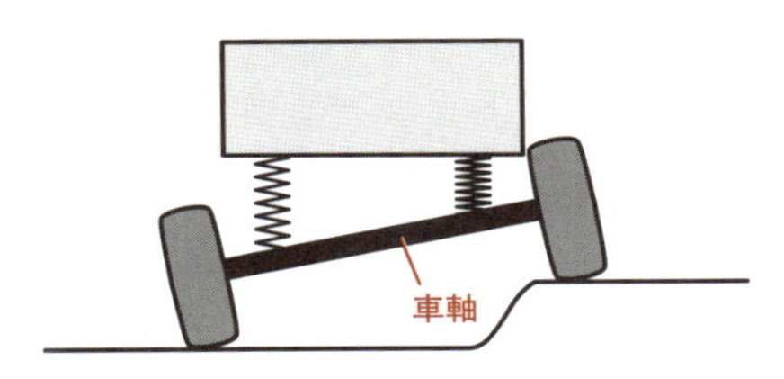

独立懸架式サスペンション

それぞれの車輪ごとにサスペンションが働く構造。機構は複雑になるが、路面からの緩衝性が良く、乗り心地や走行性能が向上する。

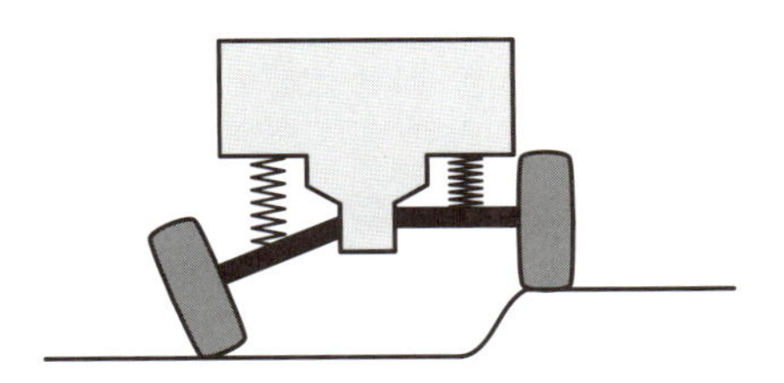

トーションバーサスペンション

スイングアームに直結した金属製のトーションバーがねじれて戻る力を利用したサスペンション。強固なモノコック構造の車台を持つ、戦車などで多く使われる。

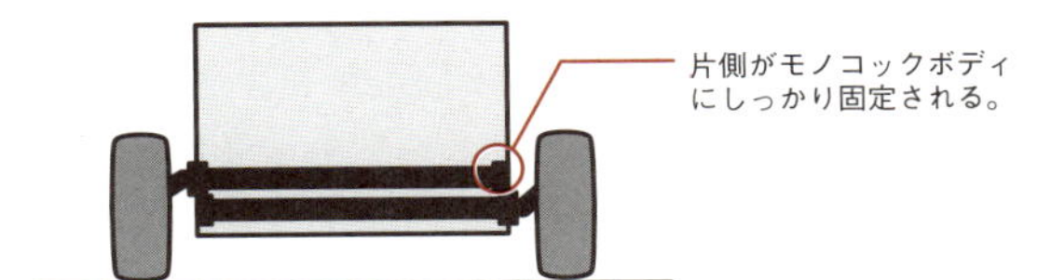

豆知識

●**馬車から始まった歴史→**サスペンションの歴史は古く、欧州では馬車の乗り心地を向上するために使われていた。特に18世紀のフランスでは貴人を運ぶ豪華な馬車に備えられていた。当時すでに、現代の車軸懸架サスペンションの基本構造が完成していたという。

No.018

スペックデータから読み解く軍用車両の性能

軍用車両を語る場合には、公表されているスペックデータが頼りとなる。それぞれのデータの読み方を知っておけば、その姿が見えてくる。

●スペックデータの性格を知って、性能を推し量る

軍用車両を知るために基本となるのが、発表されている公式スペックデータだ。車体サイズや重量、武装などの基本データから、エンジン出力や速度など性能を表す数値が公開されている。その数値を読み解くことで、軍用車両の様々な性能や特徴を推し量ることが可能だ。

ただし、スペックデータをどのように読み取るのか、幾つかのツボを押さえておく必要がある。例えば、サイズを知る場合には「全長」を見ることが多いが、長い砲身の大砲を備えている戦車は「全長」は砲身先端までも含む。実際の車体の大きさを知る場合は「車体長」を見なければならない。

また重量も同じでややこしい。最近では、燃料や搭載する弾薬、さらには乗員の重さも加えた「戦闘重量」で表記される場合が多いが、まれに燃料弾薬乗員を含まない「自重」で表記されていることもある。同一車両でも資料によってスペックデータが違って掲載されることがあるが、その場合はどの数値が採用されているかを、疑ってみることも必要だ。

動力性能を見るには、よく搭載されたエンジンの出力で判断しがちだが、ぜひ注目して欲しいのは「出力重量比」だ。これはエンジンの出力(馬力)を戦闘重量で割った数値で簡単に導き出せる。この数値が大きいほど、機動性能が良いと判断できる。例えば、陸上自衛隊の主力戦車『10式』は1200hpのエンジンで44tの重量を駆動する。一方アメリカの主力戦車『M1A2エイブラムス』は1500hpの強力なエンジンだが重量が約62tある。出力重量比で見ると『10式』が27.27hp/t、『M1A2』は24.19hp/tとなり、前者のほうが馬力は少ないが機動性能は12%ほど高いことが推測できる。

この他、「登坂力（とうはんりょく）」「超堤高（ちょうていこう）」「超壕幅（ちょうごうはば）」「渡渉水深」などのデータは、不整地走破性能に大きく関与するので、ぜひ注目してみてもらいたい。

軍用車両のスペック表の例

※数値は例として架空の装輪装甲車両のスペックを想定。発表されない数値もある。

項目	数値（例）／単位	読み解くためのヒント！
全長	8.45m	最大の長さ。砲を備える場合は砲の先端までの長さも含む。
車体長	7.40m	車体の長さ。全長と同じ場合もある。
全幅	2.98m	車体の最大幅。
全高	2.60m	車体の高さ。
自重	22.5t	燃料弾薬や搭乗員を含まない本体の重量。
戦闘重量	26.0 t	燃料弾薬乗員などを含む稼動状態の重量。
最低地上高	0.42m	底面高ともいう。車体の底面の高さ。
車輪数／駆動輪数	8×8（8×4）	車輪の数とその中の駆動輪の数。装輪車のみ表記され、切り替え式の場合もある。
出力	570hp ／ 2300rpm	最大出力の馬力表示と最大出力を出すときのエンジンの回転数。
出力重量比	21.9hp/t	エンジンの馬力を戦闘重量で割った数値。大きいほど、機動力が高いとみなされる。
エンジン形式	水冷4サイクル4気筒ターボディーゼル	エンジンの形式。どんなエンジンを積んでいるかに注目。
トランスミッション	オートマチック 前進5速、後進2速	オートマチックトランスミッションかどうかは表記されないことも多い。
懸架方式	独立懸架方式	前輪と後輪で方式が異なることもある。
最高速度	105km/h	路上と不整地を分けて表示することも。
航続距離	800km/h	無給油で行動できる距離の目安。
登坂力	60%	坂を登れる限界の角度。
超堤高	0.5m	障害物を乗り越えられる最大の高さ。
超壕幅	2.0m	渡れる壕の幅。
渡渉水深	1.5m	通常装備で渡れる水深。
旋回半径	9.0m	一度に180度向きを変えるときに必要な半径。小さいほど小回りが利く。
主武装	105mm ／ 52口径 ライフル砲	砲身の内径×口径が砲身長になるので、この場合の砲身長は105mm×52＝5460mmとなる。
副武装	7.62mm機関銃	機関銃の場合、口径で表記されることもある。7.62mmは0.30インチなので「30口径銃」と呼ばれることもある。上記の砲身の口径表記と混同しがちなので注意。
乗員	4名	兵員輸送車の場合は、乗員数とは別に乗車可能な兵員の数が併記され、「3＋10名」などと表記。

豆知識

●**自動車で使われるパワーウェイトレシオ→**自動車の性能評価で使われるパワーウェイトレシオは、車重を馬力で割った「1馬力あたりの車重」のこと（例、1000kgで150hpの出力なら約6.67kg/hp）。この場合は数値が少ないほうが優れているとされ、出力重量比とは逆になるので注意。

2通りの足回りを持つアイデア車両

軍用車両の走行方式には、履帯を使った装軌式と車輪を使った装輪式があり、それぞれに長所と短所がある。その両方の利点を生かそうと、履帯を外したら装輪式として走れるというアイデアが考えられ、実際に使われた。それがアメリカの発明家、ジョン・W・クリスティーが1928年ごろに試作した『M1928クリスティー戦車』だ。これはもともと軽量の車体に大馬力のエンジンと独創的な独立懸架のサスペンションを装備した高速戦車として開発されたもの。大きな4つの転輪を持つが、その最後部の転輪が起動輪とチェーン駆動で繋がっている。履帯を外せば後部転輪が駆動輪として働き、整備された路上なら装輪状態で111km/hの最高速度（装軌状態なら68km/h）を発揮できた。

このユニークなアイデアを備えた戦車は、クリスティーの母国アメリカでは評価されず、『M1931』としてわずか7両の試作車が制作されたのみ（うち4両は騎兵部隊にテスト配備された）だった。しかし、イギリスとソ連は高く評価し、この試作車を輸入して研究材料とした。その結果、イギリスでは高い機動性を武器とした巡航戦車の設計に大きな影響を与えた。一方のソ連では、これを元に『BT戦車』を開発し、主力戦車として配備。初期型の『BT-2』から装甲を強化した『BT-7』まで、全シリーズで7000両あまりが作られた。

『BT戦車』にも、履帯を外せば装輪車両として使えるアイデアはそのまま生かされており、『BT-7』では装輪状態なら72km/hの最高速（装軌状態では52km/h）と、500kmの航続距離（装軌状態では350km/h）を発揮した。戦場までの道路上の移動は装輪状態で行い、戦場では履帯を装着して装軌の戦車として使われた。1939年に満州北方で勃発したソ連軍と日本軍の国境紛争、いわゆるノモンハン事件にも『BT-7』は投入され、日本軍と戦っている。

『BT戦車』は高速性能重視の一方で、その分装甲や武装が貧弱だったため、第二次大戦時にはすでに旧式化していた。しかし「クリスティー式サスペンション」などの優れた設計は、第二次大戦の最高傑作戦車ともいわれる『T-34』に引き継がれている（ただしT-34では装輪化できるアイデアは用いられていない）。

また鉄道と道路の両方で使える車両も存在した。日本軍が1935年に開発した『九五式装甲機動車』は、外見は装軌式の装甲車両だが、内側にレールに対応する鉄輪も備えていた。鉄道路線で移動し必要に応じて線路から離脱、装軌装甲車として行動できた。主に中国大陸で、鉄道網のパトロールなどに使われた。

さらに6輪トラックをベースに、車輪をタイヤと鉄輪に履き替えることで道路でも線路でも走行可能な『九八式鉄道牽引車』も開発され、貨車を引く先頭車両として中国大陸で使われた。その改良型の『一〇〇式鉄道牽引車』は、戦時に南方で軌道車兼トラックとして使われている。なお生き残った一部は、戦後に日本の国鉄や私鉄に移管され、1960年ごろまで保線用車両などに使われていた。

第2章
陸戦の主役、戦う車両

No.019

装甲車の黎明期

装甲車のルーツをたどれば戦闘用馬車の時代に遡るが、実用的な装甲自動車が登場したのは、自動車発明以降の20世紀初頭になってからだ。

●自動車に装甲したボディを載せて誕生した装甲自動車

車両に装甲を施して敵の攻撃から身を守るという発想は、実は古くからあった。その元祖は古代オリエントや中国に見られた、矢を防ぐ盾を装備した戦闘用の馬車だろう。中世の発明家レオナルド・ダ・ヴィンチも、傘型の円形装甲を施し、全周に大砲を備えた戦車をスケッチに残している。ただし動力は人力頼りで、乗員が車輪を回して動く移動砲台だった。

蒸気機関が開発され自走する自動車が登場すると、装甲を施した軍用車両が考案された。19世紀中盤のクリミア戦争時には、陸戦の花形は騎兵だったが大砲の登場で戦法が変わりつつあった。イギリス人のジェームス・コーワンにより、ダ・ヴィンチの戦車に動力を与えたようなヘルメット型で砲を備えた蒸気装甲車が作られたが、実戦には使われなかった。

実用的な装甲車が登場したのは、ガソリンエンジンの自動車が登場して以降のことだ。1900年代の初頭には、当時の自動車先進国であったフランスやドイツで、軍用の乗用車に簡単な装甲を施し機関銃を備えた装甲自動車が登場、軍に試験的に配備された。最初は、エンジン部分の装甲のみで乗員はむき出しのままだったが、やがて鉄の装甲板で覆ったボディを載せた本格的な装甲自動車が誕生する。乗員を敵の弾から保護するとともに、機関銃を備えた半球形の砲塔を備えて、機動力のある攻撃兵器として欧州各国の陸軍が競って配備した。

第一次大戦前には欧州各国やアメリカで、装甲自動車が陸軍の最新装備として配備されたが、不整地での悪路走行性は乏しかった。そのため広大な平原で塹壕戦が繰り広げられた欧州の西部戦線では、最前線で活躍することはできなかった。主に後方での警備や護衛、都市部での民衆鎮圧などの任務に使われていたが、中東方面の戦場では活躍を見せた。

ダ・ヴィンチが考えた戦車

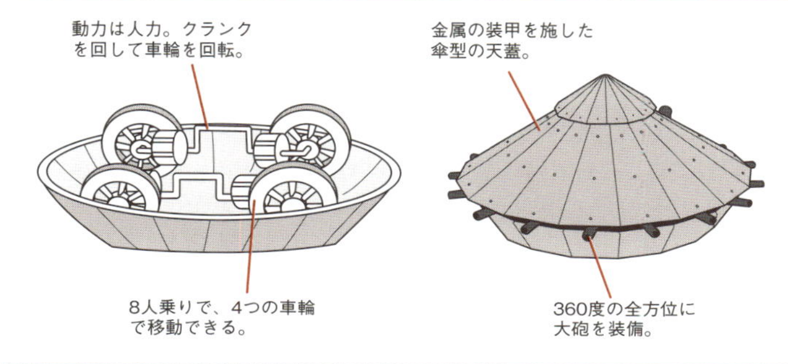

15世紀から16世紀のイタリアの発明家として名高いレオナルド・ダ・ヴィンチが1500年前後に考案したといわれる数々の独創的な兵器のスケッチの中に、移動砲台ともいうべき戦車の姿がある。装甲に覆われる一方で全方位に大砲を備えていた。

初期の装甲自動車

オーストロ・ダイムラー装甲車
（オーストリア：1904年）

ガソリン自動車の発明者、ゴットリープ・ダイムラーの息子ポールが作った、試作の装甲自動車。

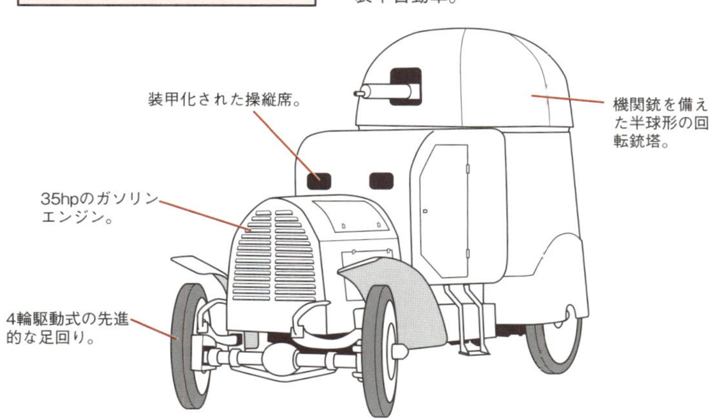

豆知識

●**日本の装甲自動車**→1919年にイギリス製の『オースチン装甲車』を購入して翌年シベリア出兵の部隊に配備したのが最初だ。また、1928年には、国内生産したイギリスのウーズレートラックに、石川島造船所が装甲を施し機関銃を載せた『ウーズレー装甲自動車』を完成させている。

No.020

装輪装甲車の発達

戦車の登場により一度は廃れかけた装輪装甲車だが、機動性を生かした任務で必要性が見直され、現在も世界各国の陸軍で使われている。

●偵察や兵員輸送など、機動性を生かした任務で活躍

第一次大戦中に誕生した、履帯(りたい)を備えた戦車の成功(No.023参照)により、陸軍の花形装備の座を失った装輪装甲車だったが、道路網の発達した欧州やアメリカを中心に有用な装備として開発は続いていた。道路上での高い機動力や、自走で長距離移動できる利便性の高さは、装軌式の車両にはない利点だったからだ。ただし車輪の構造上、重量には限界があるため、戦車ほどの厚い装甲や威力のある武装は積むことができない。そこで小口径の銃弾を防ぐ程度の薄い装甲と、機関銃などの軽量な武器を備えて、戦車と任務を棲み分けることで発達していった。

第二次大戦になると、エンジンや車体構造の発達に加え、6輪や8輪といった多輪式の装輪装甲車も開発された。欧州の整地された道路上だけでなく、中東や北アフリカなど道路の整備が遅れている地域でも、機動力を生かした作戦に投入されて活躍した。

特に装輪装甲車が威力を発揮したのは、偵察任務においてだ。その機動性を生かして走り回り、敵の配置や勢力を探る偵察は、装輪装甲車にうってつけの任務だった。また歩兵の輸送任務を念頭に、戦場での生存性を高めるために装甲化された装甲兵員輸送車や、指揮官が使用するために通信機能を強化した指揮通信車なども、戦場での戦訓を元に開発された。さらには対戦車砲を搭載するなどの改造を施されて、打撃任務の一部を担うなど、その活躍の場は広がっていった。

第二次大戦後も、装輪装甲車は各国の陸軍で欠かせない装備として、幅広く使用されている。現在、世界最強といわれるアメリカ陸軍も、機動性を生かして迅速に戦力を展開することを目的とし、装輪装甲車を大量に装備したストライカー旅団を創設。世界中の戦場への緊急展開に備えている。

装輪装甲車の発展の歴史

1902年ごろ	自動車に機関銃と装甲を備えた装甲自動車の誕生。
1904年ごろ	全周装甲を施した装甲自動車。
1914年	第一次大戦で実戦参加。
1920年ごろ	偵察や警戒任務向けの小型装甲車。
1930年ごろ	大型の6～8輪装甲車の登場。
1937年ごろ	装甲化された兵員輸送車（半装軌車含む）。
1939年	第二次大戦の勃発。戦場で大量に使われる。
1942年ごろ	大型装甲車を改造した装輪自走砲。
≈	
1990年ごろ	冷戦終了。地域紛争の増大。
2000年～	展開力に優れた装輪装甲車が再評価される。

用語解説

●**ストライカー旅団**→冷戦終結後に世界各国で頻発した地域紛争に迅速に対応するために、アメリカ陸軍が創設した緊急即応部隊。大型輸送機で空輸できる『ストライカー装輪兵員輸送車』を中核に、そのバリエーションである火力支援自走砲などを装備し、海外に素早く展開する。

No.021

装輪装甲車の車載兵器

近代の装甲車は機関銃を自動車に積んで始まった。機関銃や小口径砲などが積まれるが、最近ではミサイルで火力不足をカバーしている。

●重量のある機関銃を搭載することから始まった

20世紀初頭の装甲自動車は、当時の最新技術である自動車に、やはり最新の武器である**機関銃**を搭載することから始まった。19世紀に開発された機関銃は、対歩兵用の兵器として強力な威力を誇っていたが、重量があり歩兵が徒歩で運用するのは大変だった。世界初の自動機関銃として知られる『マキシム機関銃』の場合、本体重量だけで約30kg。これに大量の弾薬も合わせると運搬には人手が必要で、1チーム4人で運用されていた。

19世紀末から各国で自動車に機関銃を積む試みがなされ、1902年にはフランスのパナールが、半装甲の軍用乗用車に機関銃を積んで実用化した。操縦者と銃手と助手の3名で運用できる上に、より多くの弾丸を積むことができて移動も迅速に行えるため、一躍注目を集める兵器となった。

創始期の装甲自動車は対歩兵用の兵器として発達したので、搭載武器も口径7.7mmクラスの機関銃がほとんどだった。やがてもっと威力の大きい12.7mmの機関銃や、20mmクラスの**機関砲**も装備されるようになった。さらに30～50mm程度の小口径の砲も詰まれ、**榴弾**(りゅうだん)や**徹甲弾**(てっこうだん)などを用いて、歩兵への支援や軽装甲車両への攻撃も行うようになった。

ただし、重量が重く発射反動が強い強力な大口径砲は、装輪車両では運用が難しかった。これを解決したのが第二次大戦後に登場した小型の対戦車ミサイルだ(No.053参照)。さほど重さはなく、発射の反動が少ないながらも敵戦車も屠ることが可能な威力の高い兵器として、重宝されている。

現在は、装輪装甲車が運用する搭載武器はかなり多彩だ。対歩兵を念頭に置いた小口径の機関銃から、30mmクラスの機関砲、ミサイルなどが主流だ。また車体技術の改良により、大型の装輪装甲車に75～105mmクラスの戦車砲を積む、装輪戦車(No.039参照)も登場している。

威力を増す装輪装甲車の車載兵器

対歩兵用の機関銃搭載
ビッカースクロスレイM23装甲車
（イギリス：1923年）

7.7mm機関銃を2基搭載。歩兵を攻撃するための機関銃だ。

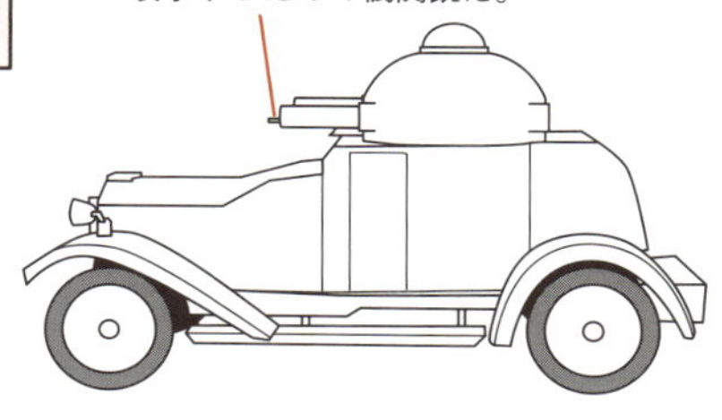

対軽装甲車両用の機関砲搭載
87式偵察警戒車
（日本：1987年）

25mm機関砲を搭載。薄い装甲を持った装甲車両なら撃破できる威力。同軸に7.62mm機関銃も備える。

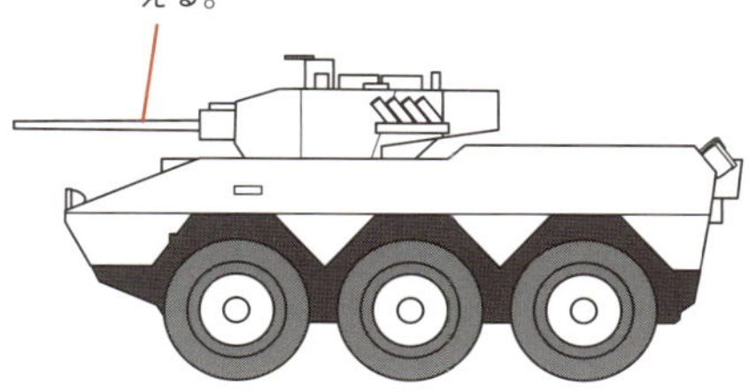

対戦車用のミサイル搭載
TOW搭載M1114装甲ハンヴィー
（アメリカ：1998年）

汎用軽装甲車に対戦車ミサイルのTOWランチャーを装備。戦車など重装甲の車両も破壊可能。

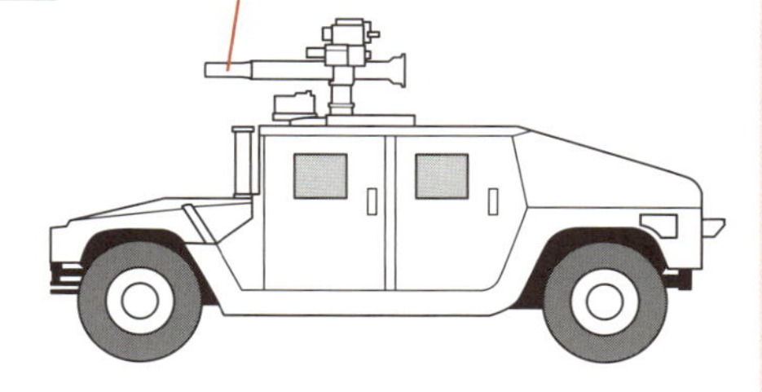

用語解説

- **●機関銃・機関砲**→1分間に数100発以上の連射が可能な銃。基準はまちまちだが、20mm未満は機関銃、20mm以上を機関砲と呼び分けることが多い。
- **●榴弾**→火薬が入っていて炸裂する砲弾。
- **●徹甲弾**→金属の塊で、相手の装甲を撃ち抜くことを目的とした砲弾。

No.022

装輪装甲車の装甲はどの程度なのか?

装輪装甲車の装甲は、重量とのバランスで決められる。銃弾などには耐えられるが、戦車砲などの大口径砲弾の直撃には無力だ。

●銃弾を防ぐ程度の軽装甲が主流

装輪装甲車は乗員を敵の攻撃から守るために、自動車に装甲を張り巡らすことから誕生した。しかし、車輪で支えるために重量制限が大きく、強固な厚い装甲を備えることは難しい。防御力を高めるには、装甲を厚くすればいいのだが、それは重量の増加と比例してしまうからだ。

戦車のように敵の大口径の砲弾を跳ね返すことは、装輪装甲車には求められていない。装甲のレベルにもよるが、最低でも歩兵が持つ小銃弾の直撃に耐えることが要求される。その程度の能力がないと、歩兵に対しての優位性を保つことはできないからだ。

もうひとつ重要なのが、炸裂した砲弾の破片による被害だ。もちろん直撃をくらえばひとたまりもないが、炸裂して撒き散らされる破片を防御することで、乗員の生存性は格段に上がるからだ。

現在でも、装甲車の装甲は銃弾の直撃と砲弾の破片被害を基準に設計されている。どの程度の装甲を備えているのかは、軍事機密に属するので明らかにはされないことが多い。しかし、西側諸国の基準として**NATO(北大西洋条約機構)**が定めた装甲車の防弾規格があり、そのレベルは1～5までの5段階で表示され、一定の目安とされている。

創始期の装甲車は、厚さ10mm以下の鉄板が装甲として用いられていた。その後、焼き入れを行い表面の硬化処理を施した特殊鋼板が使われるなど、装甲板そのものも時代とともに進化している。第二次大戦後の一時期は軽量なアルミ合金などが使われたが、強度不足から現在は廃れている。

防御力の強化には、必要に応じて外部に増加装甲を取り付けるなどの工夫もなされている。また、衝撃で装甲の**破片が剥離**して飛び散らないように、**ケブラー繊維**などを使った内張り(ライナー)が用いられることも多い。

装輪装甲車のジレンマ

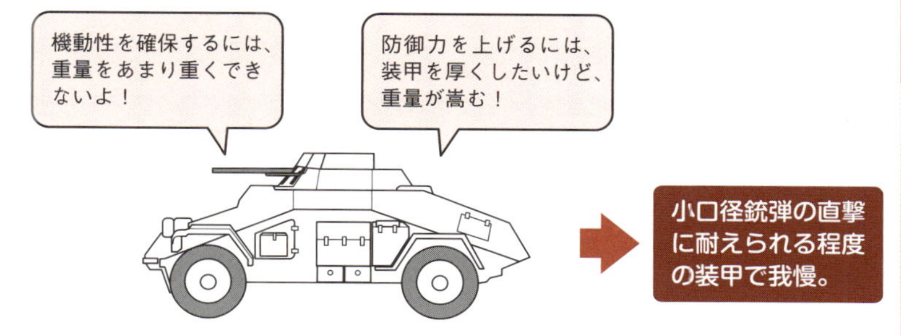

装甲の防弾の目安

軽装甲車と輸送車両のNATO統一防護規格

弱 ↕ 防御力 ↕ 強

	防弾能力の目安	155mm砲弾破片に対する耐性基準
レベル1	距離30mから発射された7.62×51mmNATO普通弾の直撃に耐える。	着弾距離100mの破片に耐える。
レベル2	距離30mから発射された7.62×39mm焼夷徹甲弾（※1）の直撃に耐える。	着弾距離80mの破片に耐える。
レベル3	距離30mから発射された7.62×51mmNATO徹甲弾の直撃に耐える。	着弾距離60mの破片に耐える。
レベル4	距離200mから発射された12.7×99mm（※2）徹甲弾、14.5×114mm（※3）焼夷徹甲弾の直撃に耐える。	着弾距離30mの破片に耐える。
レベル5	距離500mから発射された、25×137mmAPDS-T徹甲弾（※4）の直撃に耐える。	着弾距離25mの破片に耐える。

※1 7.62×39mmは、旧ソ連で開発され世界中で使われているAK-47アサルトライフルの弾丸。
※2 12.7×99mmは、広く使われている重機関銃の弾丸。50口径弾ともいわれる。
※3 14.5×114mmは、旧ソ連を中心に東側で使われる重機関銃の弾丸。
※4 APDS-T徹甲弾とは、装弾筒付きの弾丸で、弾芯の径を小さくし高速化して貫通力を高めた機関砲弾。

用語解説

●**NATO（北大西洋条約機構）**→第二次大戦後の冷戦期に、共産主義勢力に対抗するためにアメリカ、カナダと西欧諸国が締結した集団安全保障同盟。
●**破片が剥離**→大きな衝撃を受けると、鋼板の一部が剥離して飛び散り被害を与えることがある。
●**ケブラー繊維**→強度が高い合成繊維で防弾チョッキなどにも使われる素材。

No.023

戦車の誕生

第一次大戦で、膠着した戦場を打開するためにイギリス軍が秘密裏に開発し投入したのが、履帯で動く最初の戦車『マークⅠ』だった。

●塹壕を踏み越える陸上軍艦の出現

戦車が初めて登場したのは、第一次大戦中のフランス・ソンムの戦いだった。イギリス・フランスの連合軍とドイツ軍は、お互いに塹壕や鉄条網を張り巡らし、大量の機関銃を配置した堅固な陣地を築きにらみ合っていた。戦線を突破しようとする歩兵の突撃は機関銃によって阻止され、互いに決め手がないまま、膠着状態に陥っていたのだ。

1916年9月15日、イギリス海軍(陸軍ではない！)が極秘に開発した『マークⅠ戦車』が、ドイツ軍戦線の突破を図った。全長9.9mもの鉄の塊が、車体左右の履帯(りたい)で障害物を踏み越えながらゆっくりと前進。迎え撃つ機関銃弾を弾き返しながら塹壕を超え、ドイツ軍陣地を突破した。

この史上初の作戦に投入された『マークⅠ戦車』は約30両。当初、用意されたのはその倍の60両近くだったが、その半数が戦場にたどり着く前に故障で脱落した。また戦場でも次々に故障で頓挫し、敵陣地突破に成功したのはわずか10両に満たなかった。それでも、その威容はドイツ軍兵士にパニックを引き起こし、限定的ながらも前線の膠着を打ち破った。

その成功にイギリス軍は、改良を施した『マークⅣ戦車』を開発し、大量に投入。カンブレーの戦いで大戦果を上げた。フランスも『シュナイダー』『サンシャモン』、対するドイツも『AV-7』を開発した。

この最初の戦車たちは、速度は約5〜10km/h以下。ゆっくりながらも機関銃弾を弾き返しながら、搭載した砲や機関銃で敵の陣地を潰し塹壕線を突破することを主な目的に開発された。いわば「陸上軍艦」とか「移動トーチカ(砲台)」とでもいうべき存在だった。この成功により、装甲と武装を施した軍用車両の有用性や、不整地では履帯が有効であることが証明された。これ以降、戦車が陸戦の主役に躍り出たのだ。

戦車の母『マークI』戦車は陸上軍艦だった

マークⅠ
（イギリス：1916年）

全長：9.9m
重量：28t
乗員：8名

陸上軍艦としてイギリス海軍により開発された。

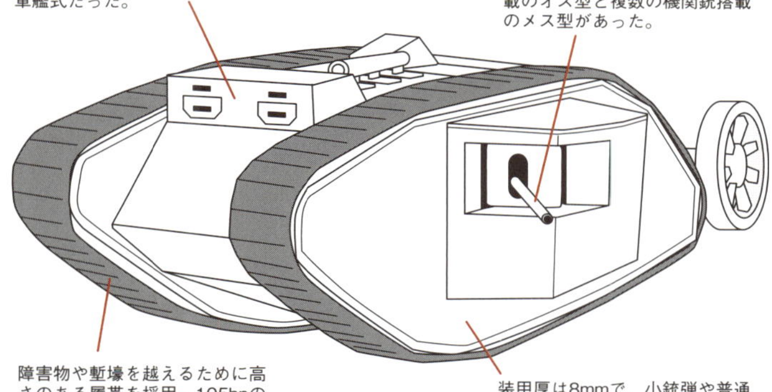

軍艦の発想で考案された、走攻守を備えた塹壕突破兵器

走	攻	守
履帯で不整地を進み、塹壕や障害物を越えるための構造を備える。	敵陣地を潰す砲搭載のオス型と、歩兵を排除する機関銃搭載のメス型があった。	敵の機銃弾を跳ね返しながら突撃するために、全周を装甲化。

戦車の誕生！

豆知識

●**タンクと呼ばれたわけ**→戦車の開発を極秘にしていたイギリスは、戦場のフランスに送るさいに、「ロシアへ送る水槽（タンク）」として、周囲を欺いた。その名前が定着し、今でも戦車のことを「タンク（Tank）」と呼んでいる。

No.024

戦車の基本形の確立

旋回砲塔を持つフランスの『ルノーFT-17』はその後の戦車に大きな影響を与えた。しかしその流れを継いだのは敵国であるドイツだった。

●現代戦車の基本となった『ルノーFT-17』

第一次大戦後期にフランスの自動車メーカーのルノー社が開発した『ルノーFT-17』は、その後の戦車の基本形を形作った傑作戦車だった。全長5m、車重6.5tの軽戦車だったが、砲もしくは機関銃を備えた旋回砲塔を備え、360度の全周に向けて攻撃が可能だ。また、車体は装甲板を組み合わせたモノコック構造(No.016参照)で、車体前部に操縦手、真ん中の砲塔に車長兼砲手が収まり、車体後部はエンジンルームとして隔離されるというレイアウト。これらは現在に至るまで引き継がれる基本形だ。

速度も約20km/hと当時としては軽快で、シリーズ全体で4000両近くが作られた。それまでの主役であった騎兵に代わりフランス陸軍の主力となっただけでなく、余剰車両が日本を含む世界各国に輸出され、それぞれの国でその後の戦車開発の手本となった。

●戦車の真価を見出したドイツ

その後、第二次大戦が始まるまでの約20年の間に、世界の列強各国では、それぞれの国情に合わせた戦車の開発を競った。『ルノーFT-17』を手本とした軽快性を武器にした軽戦車が各国で生まれた一方で、機動力は低いが、重武装重装甲を誇る戦車も生まれた。中には砲塔を多数備えた**多砲塔戦車**なども開発されるなど、試行錯誤が繰り返された時代だった。

しかし『ルノーFT-17』の思想をもっとも引き継いだのは、皮肉にも敵国のドイツ。第一次大戦の敗戦で一時は軍備を失ったドイツ軍は、小型快速の『Ⅰ号戦車』と『Ⅱ号戦車』を開発。さらに機動力と武装や装甲のバランスがいい『Ⅲ号戦車』『Ⅳ号戦車』を登場させ、第二次大戦の初期に戦車で敵国になだれ込む「電撃戦」(No.092参照)で、連合国を圧倒した。

現代戦車の基本形

ルノー FT-17
（フランス：1917年）

全長：5m　重量：6.5t　速度：約8km/h
武装：37mm砲、もしくは機関銃1丁　装甲：最大16mm　乗員：2名

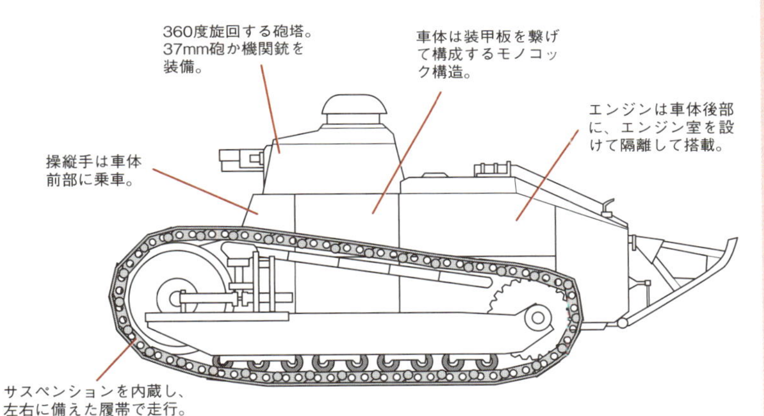

戦車の基本形とは？

主武装を備えた旋回砲塔を備え360度どの方向にも攻撃可能。

装甲板で乗員やエンジンを保護。装甲板を繋げた車台のないモノコック構造。

サスペンションが付いた2本の履帯を備え、高い不整地走破性を確保。

乗員は操縦手が前部、車長や砲手は砲塔内に搭乗。エンジンは後部に積載。

ルノー FT-17が現代戦車の始祖！

豆知識

●**多砲塔戦車**→陸上軍艦の思想を受け継ぎ、ソ連では砲塔を3つ備えた『T-28』や5つ備えた『T-35』が生まれた。しかし死角が多く重武装にも無駄があった。また車体に大型砲、砲塔には小型砲を装備した、フランスの『B1bis』やアメリカの『M3』も誕生し、第二次大戦初期に使われた。

No.025

役割分担で迷走したイギリス戦車

戦車の母国ともいえるイギリスでは、第二次大戦時には役割を分けた歩兵戦車と巡航戦車が存在したが、ドイツの後塵を拝すことになった。

●重装甲の歩兵戦車と機動力が高い巡航戦車

戦車の母国であるイギリスでは、第一次大戦終了後に戦車の運用方法について、様々な意見が錯綜していた。その結果、第二次大戦の開戦時には、様々な目的の戦車が混在していた。機関銃のみを積んだ軽戦車、機動性は劣るが装甲が厚く重武装で大型の歩兵戦車、そして機動性が高い一方で装甲が薄い巡航戦車の3種類だ。

このうち、軽戦車は偵察任務などでは活躍したが、敵となったドイツ戦車との戦闘にはまったく歯が立たなかった。

歩兵戦車は、その名のとおり歩兵の支援を行う目的の戦車で、いわば第一次大戦の陸上軍艦の思想を引き継いだもの。例えば『チャーチル歩兵戦車』は最大152mmもの厚い装甲を誇り、機関銃や小型砲では撃破することは不可能だった。ただし装甲が厚く重量が重い分速度は遅く、前時代的な性能で搭載砲も車体の大きさの割には貧弱だった。重装甲ゆえに撃破されることは少なかったが、鈍重さは戦車の利点を大きく殺ぐこととなった。

巡航戦車は、50km/h以上の速度を誇ったが、速度を得るために装甲の厚さを犠牲にしていた。また初期の巡航戦車は、対装甲車両戦闘を念頭に置いて、徹甲弾(てっこうだん)を撃つ戦車砲を装備したタイプと、歩兵や陣地を攻撃する榴弾砲(りゅうだんほう)を装備したタイプが別個に作られた。その結果、汎用性に欠けて使いにくさを露呈した。

第二次大戦の前半に、ドイツの戦車に圧倒されたイギリス軍は、**アメリカから供与された戦車**でなんとか戦い続けた。その後、歩兵戦車と巡航戦車の利点を合わせた戦車を開発し、1945年には『センチュリオン』を誕生させる。第二次大戦には間に合わなかったが、性能は高く戦後の戦車の手本となって、イギリス以外にも世界各国で1990年代まで長く使われた。

イギリス軍の歩兵戦車と巡航戦車

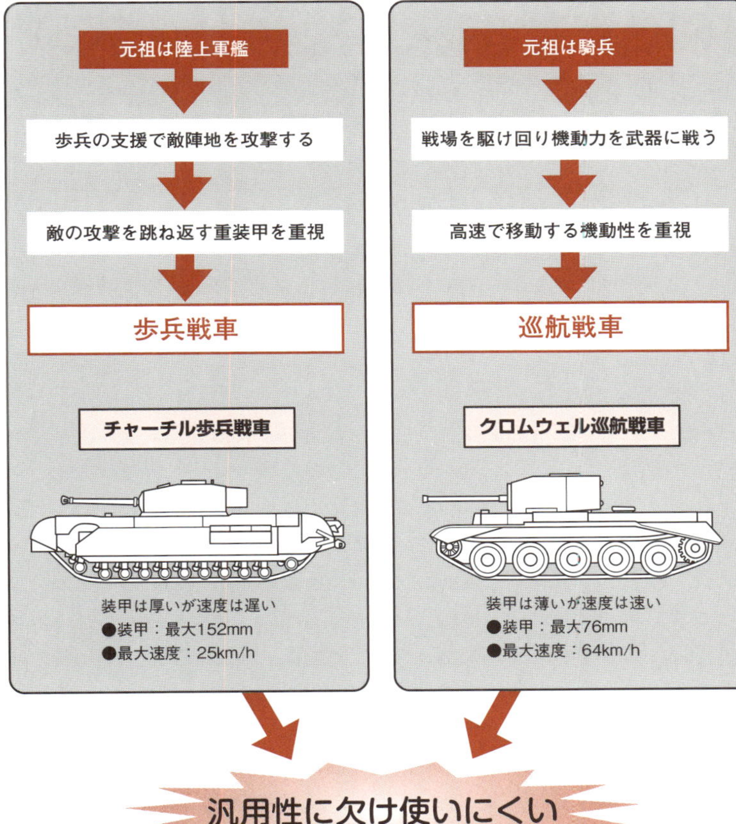

第二次大戦後に統合

豆知識

●**アメリカ戦車に助けられたイギリス軍**→第二次大戦中期に苦戦したアフリカ戦線でドイツ軍を押し返したのには、アメリカから大量に『M3リー中戦車』の供与を受けたことが大きかった。また後期には『M4シャーマン中戦車』も大量に供与され、ドイツ軍を物量で圧倒した。

No.026

中戦車が活躍した第二次大戦

第二次大戦前半で圧勝したドイツ軍を押し返したのは、ソ連とアメリカが開発した２台の傑作中戦車を大量に投入したことが大きかった。

●ドイツを止めた『T-34』と『M4シャーマン』

第二次大戦のころには、戦車は大きさにより大きく3つのカテゴリーに分けられた。20t未満で軽装甲軽武装の軽戦車。20～40tで、装甲と武装、それに機動力を兼ね備えた中戦車。そして40tを超える重量で重装甲重武装を誇る重戦車だ。

開戦当初は、50mm砲を持つ『Ⅲ号中戦車』と75mm砲を持つ『Ⅳ号中戦車』の活躍で、ドイツがヨーロッパやアフリカの戦線で快進撃を続けた。しかし、そのドイツ戦車の勢いを食い止めた2台の傑作中戦車が登場した。

東部戦線に進行したドイツ軍を迎え撃ったのが、ソ連の『T-34中戦車』だった。泥濘地で驚異的な機動力を見せた幅広の履帯（りたい）とディーゼルエンジンを備え、弾を逸らしやすい（避弾経始（ひだんけいし）という）傾斜装甲を身にまとい、強力な76.2mm砲（後期モデルは85mm砲）を搭載。航続距離も長いなど、第二次大戦で最良ともいわれる強力な戦車の出現に、ドイツ戦車は苦戦した。

一方でアメリカ軍が投入したのが『M4シャーマン中戦車』。機動力・装甲・武装はどれも平均レベルで、単体ではけして強くはなかった。しかし大量生産に向く構造で、1945年までに4万9000両以上を製造し戦場に大量投入。1両のドイツ戦車を数両で囲んで撃破する戦法で圧倒した。

大戦後期にはドイツも、『T-34』を研究して開発した長砲身75mm砲装備の『Ⅴ号パンター中戦車』、88mm砲と重装甲を備えた『Ⅵ号ティーガー重戦車』や、長砲身88mm搭載の『Ⅵ号B型ティーガーⅡ（ケーニッヒティーガー）重戦車』を投入し起死回生を図ったが、戦況を覆すことはできなかった。大戦末期にはドイツの『Ⅵ号』に対抗すべく、ソ連では122mm砲搭載『IS-3スターリン重戦車』、アメリカも90mm砲装備の『M26パーシング重戦車』を投入。圧倒的物量も手伝ってドイツ戦車を撃破し、勝利に導いた。

第二次大戦を勝利に導いた米ソの中戦車

M4A3 シャーマン
（アメリカ：1942年）

車体長：5.9m
重量：31t
速度：約40km/h
航続距離：196km
主砲：75mm
装甲：最大76mm
生産台数：約4万9000両

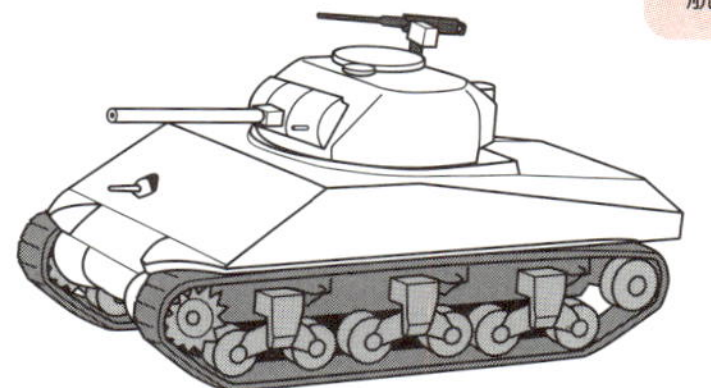

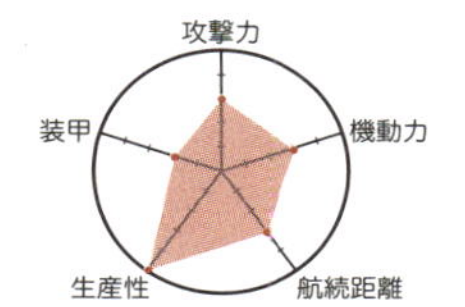

T-34／T-34-85
（ソ連：1941年）

車体長：6.3m
重量：32t
速度：約55km/h
航続距離：約360km
主砲：76/85mm
装甲：最大90mm
生産台数：約5万7000両（1945年まで）

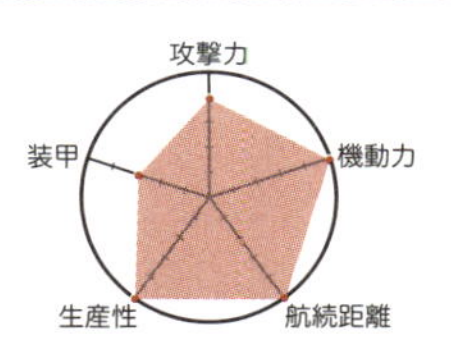

ドイツが起死回生を狙った重戦車

Ⅵ号B型ティーガーⅡ
（ドイツ：1944年）

車体長：7.38m
重量：69.8t
速度：約38km/h
航続距離：約170km
主砲：88mm
装甲：最大180mm
生産台数：約490両

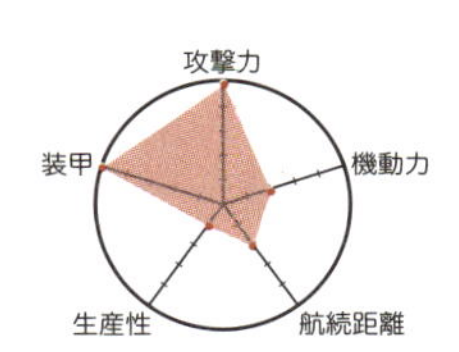

用語解説

●**米戦車に歯が立たなかった日本の戦車→**1920年代に『ルノー FT-17』を輸入して始まった日本の戦車。第二次大戦時には47mm砲装備の『九七式中戦車』を装備したが、装甲は薄く武装も貧弱で米軍の『M4シャーマン』に歯が立たなかった。対抗して開発した新戦車も間に合わなかった。

No.027

戦車の3要素を備えたMBTの発達

戦後から現代に至るまで陸戦の中心にはMBT＝主力戦車が君臨している。現在は第3～3.5世代の戦車たちが、世界各国で配備されている。

●機動力と装甲と武装をバランス良く備える

第二次大戦で活躍した中戦車や重戦車は、戦車に欠かせない3つの要素を明確にした。つまり十分な機動力を備え、敵戦車を撃破できる戦車砲による攻撃力と、敵の攻撃に対抗する装甲を備えた防御力、それぞれをバランス良く取り入れることが大切。この3要素を備えた戦車は、「MBT（Main Battle Tank）＝主力戦車」と呼ばれるようになった。

戦後のMBTは、時代に応じて4つの段階に分けられる。まず戦後から1960年に開発されたのが第1世代。重量は35～50tで、速度は50～60km/h。搭載する主砲は**西側**が口径90mm、**東側**が100mm。砲塔は避弾経始（No.031参照）に優れた曲面が多い鋳造装甲構造（No.031参照）。砲の照準器は光学照準だが、砲を安定させるジャイロ機構が取り入れられた。

1960年代～70年代に登場したのが第2世代。重量は40～50tで、速度は60km/h前後。大きく変わったのは主砲で、西側は105mmライフル砲、東側は115mm滑腔砲を搭載し、攻撃力が高くなったが装甲は第1世代の延長のままだ。また、照準器にはアナログ式コンピュータのFCS（No.030参照）が用いられ、走行しながらの射撃照準を可能にした。

1980年代以降に開発された第3世代は、50～60tとより大型化する一方で、エンジンも強化され機動性は第2世代以上だ。主砲は西側が120mm滑腔砲、東側が125mm滑腔砲に進化。さらに装甲は平面的な外観の複合装甲（No.032参照）が取り入れられ、防御力が格段にアップしている。また照準器もデジタルコンピュータFCSとなり、さらに精度が増した。

2000年代以降は、第3世代の発展型で第3.5世代と呼ばれる戦車が登場した。C4I（No.091参照）を取り入れネットワーク化に対応した能力を持つ。そして現在、真の次世代となる第4世代の開発が各国で模索されている。

戦車に必要な3つの要素

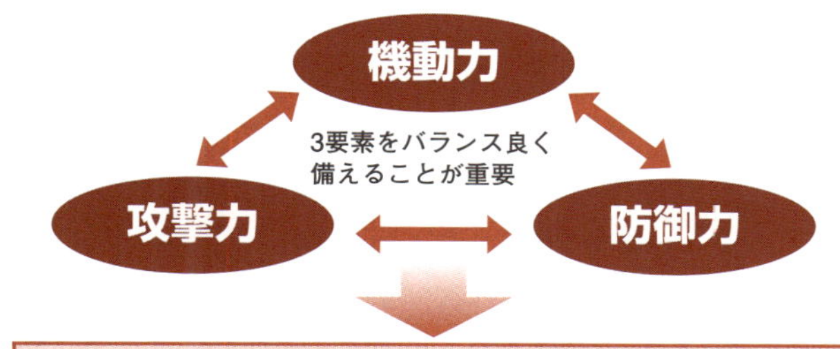

攻撃力を上げたければ、それに応じた防御力のアップと、重量増加のデメリットをカバーするエンジン出力や足回りの向上が必要！

世代別・主要各国の主な国産MBTたち

	第1世代	第2世代	第3世代	第3.5世代
年代	1945 ～ 1960	1960 ～ 1975	1975 ～ 1990	1990年代～
速度	50 ～ 60km/h	60km/h	60 ～ 70km/h	60 ～ 70km/h
主砲	90 ～ 100mm	105 ～ 120mm	120 ～ 125mm	120 ～ 125mm
装甲	鋳造装甲	鋳造装甲	複合装甲	複合＋増加装甲
アメリカ	M48	M60	M1 ／ M1A1	M1A2
イギリス	センチュリオン	チーフテン	チャレンジャーⅠ	チャレンジャーⅡ
ドイツ	―	レオパルトⅠ	レオパルトⅡ	レオパルトⅡA6～
フランス	―	AMX30	―	ルクレール
イタリア	―	―	C-1アリエテ	―
日本	61式	74式	90式	10式
ソ連／ロシア	T54	T64/72	T80	T90
中国	59式/69式	80/88式	85式	99式
イスラエル	―	メルカバMk1/2	メルカバMk3	メルカバMk4
韓国	―	―	K-1（105mm砲）	K-2

※世代別条件は目安。年代や性能が目安範囲から外れる機種もある。

用語解説

●**西側**→アメリカや西欧など、NATO諸国を中心とした陣営。冷戦崩壊後もその枠組みは変わっていない。日本も西側に入る。
●**東側**→冷戦中はソ連を中心とする共産諸国を東側と呼んだ。冷戦が崩壊してソ連が解体し世界の陣営が大きく変わった今では、東側という枠組みも薄れつつある。

No.028

戦車砲はどんな大砲か？

敵を直接攻撃する戦車砲には、直線的な弾道のカノン砲が使われる。またライフル砲と滑腔砲があり最近は120mmクラスの滑腔砲が主流だ。

●戦車砲には直射できるカノン砲が使われる

大砲には、直線的な弾道で砲弾を飛ばす「カノン砲」と、曲射砲とも呼ばれ山なりの弾道で砲弾を飛ばす「榴弾砲（りゅうだんほう）」や「迫撃砲」がある。初期の歩兵支援目的の戦車には榴弾砲が積まれたこともあったが、現在の戦車砲にはカノン砲が使われている。榴弾砲に比べ砲身は細長く、より強い圧力に耐えられるように頑丈に作られているのが特徴だ。敵を直接的に照準し、できるだけ最短距離に近い弾道で命中させる。

またカノン砲も、さらに2種類に分類される。「ライフル砲」は、砲身の内側にライフリングと呼ばれる螺旋状の溝が掘られている。撃ち出す砲弾を回転させ、そのジャイロ効果で弾道を安定させる。ただし長距離射撃では回転による偏差が生じ、着弾点がずれるという欠点もある。

もうひとつの「滑腔砲（かっこうほう）」は、砲身の内側が滑らかにできており英語ではスムーズボア(Smoothbore)という。滑腔砲で撃ち出す砲弾には安定翼が付けられており回転しなくとも直進性を保つ。ライフル砲よりも大口径にしやすく、砲身の寿命も長いなど利点が多い。細長い弾芯の徹甲弾（てっこうだん）や成形炸薬弾（せいけいさくやくだん）(No.029参照)との相性も良く、最近の戦車砲は滑腔砲が主力だ。

また、大砲の威力を知る基準としては、砲身の内径(砲弾の直径)を表す「口径」と、砲身の長さを表す「口径長」の2つの数字が使われる。口径長とは、口径の何倍の長さがあるかという意味だ。「口径」は「○○mm」と表記し、「口径長」は「○○口径」と表記する。

一般的には、砲身(口径)が太く、砲身の長さ(口径長)が長いほど、砲の威力が強くなる。例えば、砲身の長さが同じなら、75mm砲より90mm砲のほうが威力が大きい。また同じ75mm砲でも、75mm×24口径の短砲身砲よりも75mm×70口径の長砲身砲のほうが、威力は大きいのだ。

ライフル砲と滑腔砲

ライフル砲

砲身内に刻まれた螺旋状の溝（ライフリング）で砲弾を回転させてそのジャイロ効果で安定した弾道を得る。小口径砲でも作れる。

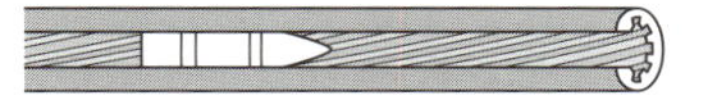

砲身内にはライフリングが刻まれている。

砲弾は回転しながら飛ぶ。

砲身内はスベスベな構造で、砲弾に付いた安定翼（矢羽）によって、安定した直進弾道を得る。大口径の砲に向いている。

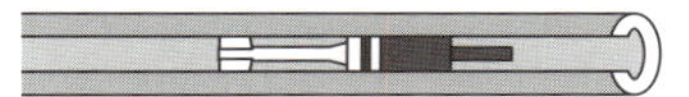

砲身内はスベスベな構造で、滑るように砲弾を撃ち出す。

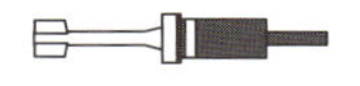

砲弾は回転しない。

口径と口径長

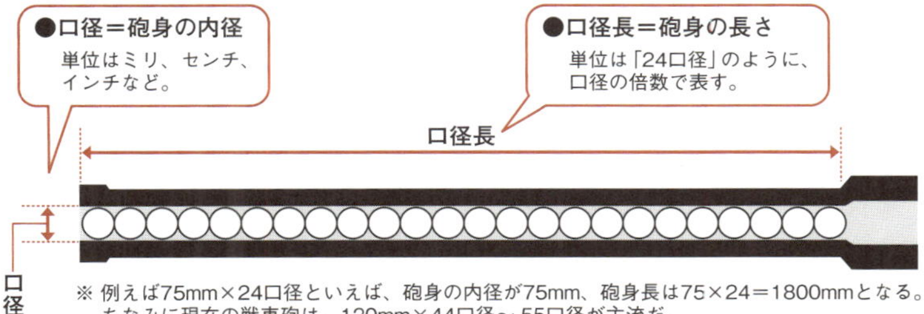

※ 例えば75mm×24口径といえば、砲身の内径が75mm、砲身長は75×24＝1800mmとなる。ちなみに現在の戦車砲は、120mm×44口径～55口径が主流だ。

なぜ長砲身のほうが、威力が高いか?

同じ砲弾を使った場合、長砲身のほうが火薬（発射薬）の爆発で加速される時間が長くなる。その分だけ砲弾の速度は高初速化し、砲弾に与えられるエネルギーは増大する。また、それだけより遠くに飛ばすこともできる。

ただし、砲の威力は、口径、口径長に加え、砲弾そのものの威力の違いもある。大戦時と現在では、砲弾の威力が増し同一口径でも貫通力は倍以上になっている。

豆知識

●**大戦時のイギリス流の呼称**→第二次大戦時までは、イギリスでは砲の強さを砲弾の重さ（ポンド）で呼称していた。例えば対戦車砲に使われた17ポンド砲は、ミリ換算では76.2mm砲となる。またインチ表示の場合は、1インチ25.4mm換算。3インチ砲は76.2mm砲となる。

No.029

目標に応じて使い分ける戦車砲弾

戦車砲から発射される砲弾は、陣地などの非装甲目標を攻撃する場合と、敵の戦車などの装甲目標を攻撃する場合で、種類を使い分ける。

●化学エネルギー弾と運動エネルギー弾

戦車砲に使われる砲弾は、大きく2種類に分類される。砲弾内部の炸薬が破裂する威力で破壊する化学エネルギー弾と、金属の塊の砲弾が衝突したエネルギーで装甲を貫通させる運動エネルギー弾だ。

榴弾(りゅうだん)は古くから大砲に使われている代表的な化学エネルギー弾だ。炸薬の爆発力と破片が飛散することで広範囲にダメージを与える砲弾で、敵の陣地など非装甲目標の攻撃に広く使われている。また、装甲に対応する化学エネルギー弾としては、装甲に命中すると表面で張り付くように炸裂し、装甲内部を剥離させる粘着榴弾(ねんちゃくりゅうだん)がある。

さらに装甲に対する威力が大きいのが、対戦車榴弾(たいせんしゃりゅうだん)(成形炸薬弾(せいけいさくやくだん))だ。砲弾内部の空間に漏斗状の金属性のコーンがあり、命中して炸薬が燃焼するときにこのコーンが融解してメタルジェット(液化した金属)となり、装甲の1点に高速で収束して吹き付け貫通させる。

一方で運動エネルギー弾の代表は、タングステンなどの比重の高い重金属で作られた徹甲弾(てっこうだん)だ。発射時に弾に与えられた運動エネルギーで装甲を貫通して破壊する。その効果を高めるために砲弾の先端にあえて柔らかい金属を被せ命中時に滑りにくいようにした、被帽付徹甲弾(ひぼうつきてっこうだん)もある。

また同じ威力で撃ち出された場合は、弾芯を細長くしたほうが貫通力は上がる。そのため、サボ(離脱装弾筒)といわれるアタッチメントを弾芯の周りに被せた装弾筒付徹甲弾(そうだんとうつきてっこうだん)も開発された。この細長い弾芯後部に安定翼を付け直進安定性を増した砲弾が、現在の対戦車戦闘でもっとも威力を発揮するといわれる、装弾筒付翼安定徹甲弾(そうだんとうつきよくあんていてっこうだん)だ。

戦車は目標に応じてこれらの砲弾を使い分ける。現在の滑腔砲を備えた戦車では、主に多目的対戦車榴弾と装弾筒付翼安定徹甲弾を積載している。

現在の戦車砲（滑腔砲）で使われる砲弾

多目的対戦車榴弾　（HEAT-MP）

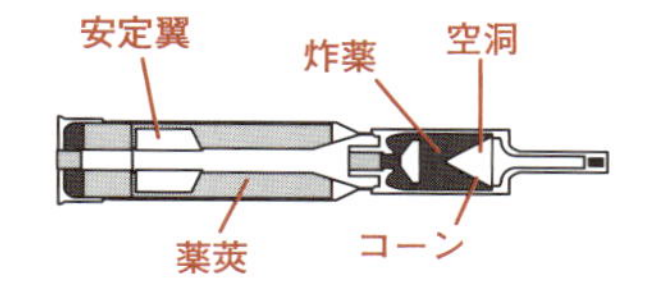

コーンが融けてメタルジェットになり装甲に吹き付けて焼き貫く。

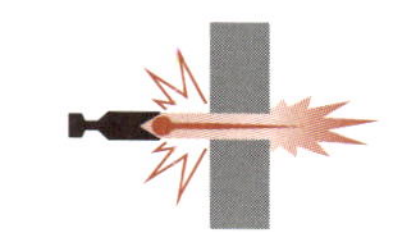

装弾筒付翼安定徹甲弾　（APFSDS）

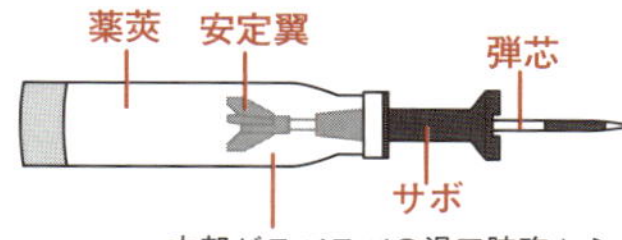

内部がスベスベの滑口腔砲から、弾を回転させないで撃ち出す。

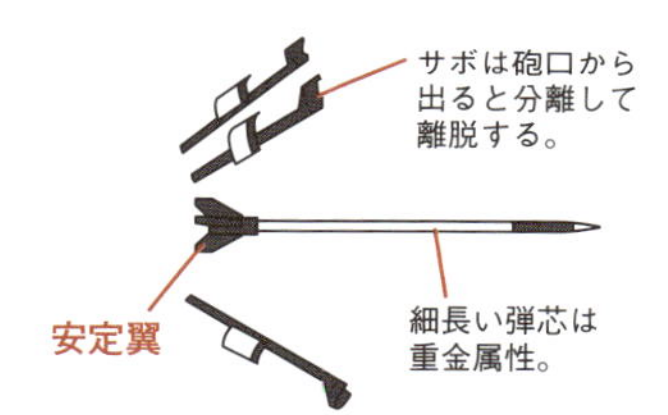

代表的な戦車砲弾

	名称（略称）	英名	特徴と使用砲
化学エネルギー弾	榴弾（HE）	High Explosive	内部に炸薬が詰まり破片を飛散させる。主にライフル砲で使用。
	粘着榴弾（HESH）	High Explosive Squash Head	装甲目標に粘着し爆発で装甲を破壊。主にライフル砲で使用。
	対戦車榴弾（HEAT）	High Explosive Anti Tank	メタルジェットで装甲を貫通する成形炸薬弾。滑腔砲とライフル砲で使用。
	多目的対戦車榴弾（HEAT-MP）	High Explosive Anti Tank Multi Purpose	非装甲目標なども想定した多目的成形炸薬弾。主に滑腔砲で使用。
運動エネルギー弾	徹甲弾（AP）	Armor Piercing	金属製で弾の速度で装甲を撃ち抜く。主にライフル砲で使用。
	被帽付徹甲弾（APC）	Armor Piercing Capped	徹甲弾に滑り止めの柔らかな金属を被せる。主にライフル砲で使用。
	装弾筒付徹甲弾（APDS）	Armor Piercing Discarding Sabot	細長い弾芯に装弾筒を被せ弾芯だけを飛ばす。主にライフル砲で使用。
	装弾筒付翼安定徹甲弾（APFSDS）	APDS-Fin Stabilized	APDSよりさらに細長い弾芯で後部に安定翼が付く。滑腔砲で使用。

豆知識

●**高速回転に弱い成形炸薬弾**→成形炸薬弾は、高速回転するとメタルジェットが拡散して効果が落ちる。そのため砲弾が回転しない滑腔砲のほうが向いており、ライフル砲用の成形炸薬弾は回転をあえて抑える仕組みを備えるものもある。また対戦車ミサイルの弾頭としても使われている。

No.030

照準装置とFCSの発達

戦車砲の照準は、初期は砲手の技量に頼っていた。やがてコンピュータ式のFCSが登場しより正確に長距離目標を攻撃できるようになった。

●様々な条件を加味して正確な照準を行う

直線的な弾道で目標を攻撃するカノン砲を備えた戦車では、砲の照準を付ける照準システムが欠かせず、時代とともに大きく進化してきた。

肉眼で見える距離で攻撃した初期の戦車砲には、狙いを付ける光学式照準眼鏡が付けられ、砲手が目標を捉え狙いを付けた。しかし距離が離れた場合の**弾道の沈下による誤差**などは、目分量で距離を推定し経験で補正した。やがて第二次大戦になると砲の射程が伸び、目標の見かけの大きさから距離を大まかに測定する装置が取り入れられた。また主砲と同軸に装備した機関銃を撃ち、それが着弾したのを見定めて主砲を撃つこともあった。

戦後になると、戦車にも距離を正確に測る測距儀(そっきょぎ)が搭載された。第1世代の戦車では、離れた2点から見える角度のズレで距離を測るステレオ式測距儀が用いられた。1970年代になると、レーザー光線の跳ね返りで距離を測るレーザー測遠機(そくえんき)が導入され、より正確に距離を測れるようになった。

しかしさらに正確に照準を合わせるためには、風や温度などの環境影響を考慮に入れた補正を行う必要がある。また、自車や目標が移動中の場合には、その動きも考慮して照準する。そこでレーザー測遠機で測った距離に加え、環境センサーの情報や移動速度をコンピュータで計算する、FCS(ファイア・コントロール・システム＝射撃統制装置)が登場した。第2世代の戦車に搭載された初期のFCSはアナログ式コンピュータで、自車か目標のどちらかが動いている状態で射撃する限定的な行進間射撃ができた。

デジタル式コンピュータのFCSを搭載した現代の戦車は、双方が動いている行進間射撃でも照準を合わせることができる。また動いている状態でも主砲の照準を合わせたままにできるスタビライザーという装置も装備し、激しい運動をしながらでも、長距離から敵を撃破することが可能になった。

照準システムの進化

第二次大戦前

光学式照準器

砲の最大有効射程距離／500m以下

砲手が目視で直接照準！距離の補正は経験で

第二次大戦後期

光学照準器+距離補正装置

砲の最大有効射程距離／500～1000m

目標の大きさから距離を測るスタディアメトリック方式を採用

第1世代戦車

光学照準器＋ステレオ式測距儀

砲の最大有効射程距離／1500～2000m

距離測定の精度が上がり、距離により補正をかけて撃つ！

第2世代戦車

アナログFCS＋レーザー式測距儀

砲の最大有効射程距離／1500～3000m

自車か相手のどちらかが動く限定的な行進間射撃が可能

第3世代戦車

デジタルFCS＋レーザー式測距儀

砲の最大有効射程距離／3000～5000m

風や気温などの環境データで自動補正

自車と目標の両方が動いた状態での行進間射撃が可能に！

第3.5世代戦車

デジタルFCS＋レーザー式測距儀＋リンクシステム

砲の最大有効射程距離／3000～5000m

味方戦車同士で情報を共有し、他車の情報を使い狙える！

豆知識

●**複雑な戦車砲弾の弾道計算**→戦車砲は弾道が比較的直線的な直射砲（平射砲ともいう）だが、距離が離れると重力による弾道沈下が起こる。また、風の有無や気温・湿度の変化、発射する砲弾の特性など様々な要素が関連し、正確な弾道を導き出すには非常に複雑な計算が必要となる。

No.031

戦車の装甲の厚さは均一じゃない

戦車の重要な要素である装甲だが、敵の攻撃を受けやすい正面部分は装甲を厚くし、攻撃を受けにくい上面や背面は装甲を薄くする。

●重量制限の中で効果的な防御力を得るために重点的な防御を施す

戦車は、敵の攻撃から防御するために全体を装甲で覆っているが、その厚みは均一ではない。本来なら車体すべてに重装甲を施せば完璧なのだが、それでは重量が重くなりすぎて機動性を損なうことになる。そこで敵の攻撃を受けやすい部分を重点的にカバーする構造にせざるを得ないのだ。

もっとも重装甲なのは、砲塔正面部だ。敵と正対して砲撃戦を行った場合、もっとも被弾しやすい箇所だ。また車体を障害物に隠した**稜線射撃**のような待ち伏せ攻撃の場合でも、砲塔正面だけは敵から見える位置にあり、重厚にカバーする必要がある。

次いで装甲が厚いのは車体の前部、そして砲塔側面、車体側面と続く。逆に装甲が比較的薄いのは、上面や背面だ。特に、後部にエンジンを積む多くの戦車では、砲塔の陰となる車体後部の上面がエンジンの給排気を行う構造で装甲が薄くなっており、最大の弱点といえる箇所だ。さらに昔の戦車は底部も装甲が薄かったが、現代の戦車では地雷などの底面を攻撃する武器に対しての対策が、かなり考慮されている。

また装甲の角度を敵に対して斜めに傾ける「傾斜装甲」を取り入れた戦車も多い。斜めに角度を付けて敵弾を弾きやすくする構造を「避弾経始(ひだんけいし)」と呼び、これに優れているほうが生存性は高い。さらに傾斜装甲は、同じ厚みの装甲でも弾に対して厚みを増すことが可能だ。30度に傾けられた装甲は、理論的には垂直の装甲に対して倍の厚みを持つことになる。

この傾斜装甲の強みを世界に知らしめたのは、第二次大戦時のソ連の『T-34戦車』だ。車体の前面や側面に傾斜装甲を採用し、さらに砲塔も鋳造(ちゅうぞう)で作られた曲面が多いお椀形であり、その後の戦車のお手本になった。この傾向は、1970年代の戦後第2世代まで主流になった。

戦車各部の装甲の厚さ

Ⅵ号B型ティーガーⅡ重戦車
（ドイツ：1944年）

第二次大戦末期に重装甲と重武装で連合軍に恐れられた重戦車。車重は約68tもあった。

●各部の装甲の厚さ

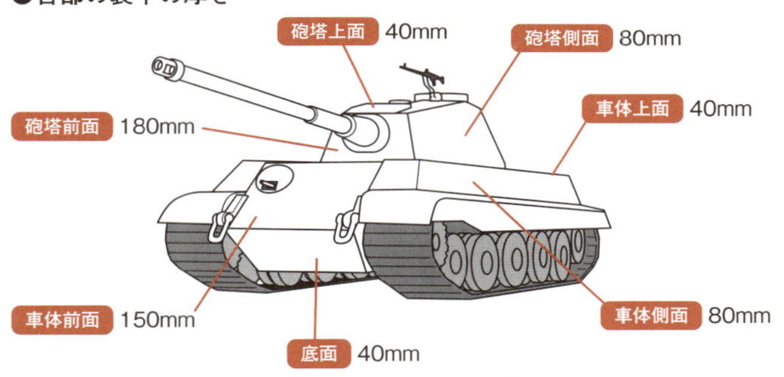

弾を弾き厚みを増す効果がある傾斜装甲

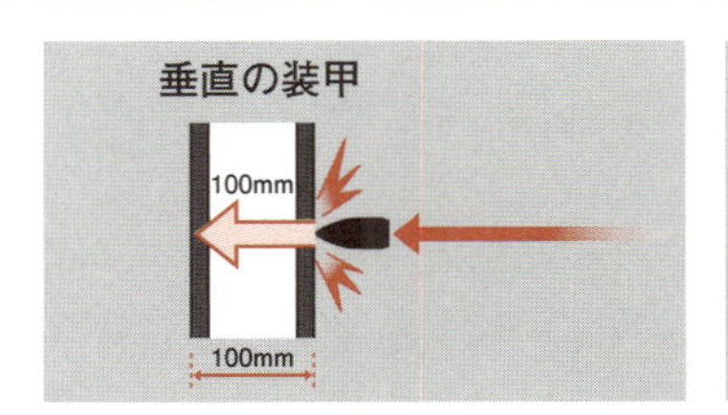

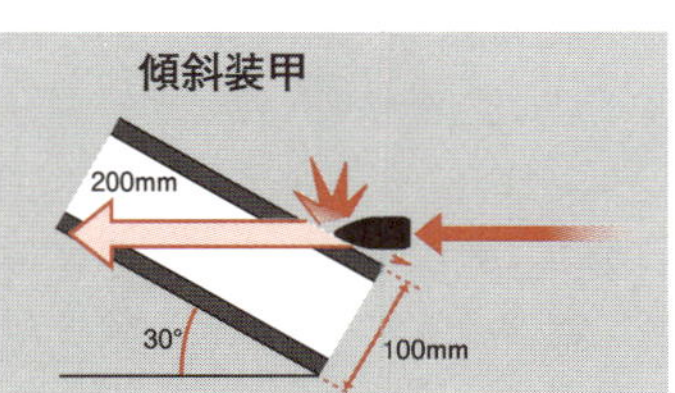

T-34-85
（ソ連：1943年）

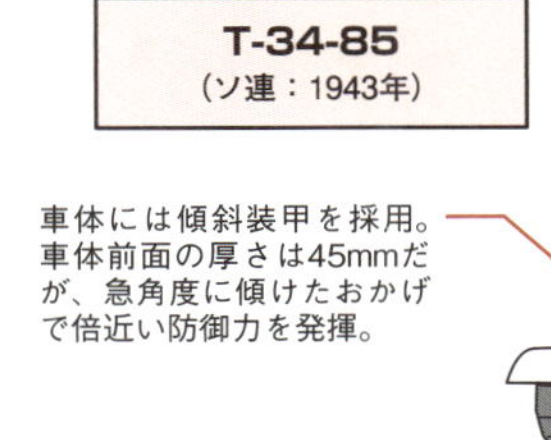

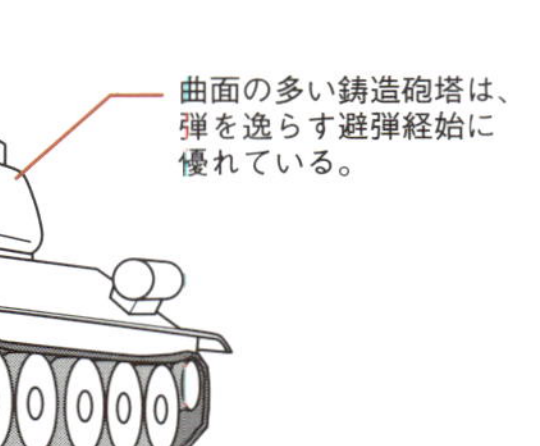

用語解説

●**稜線射撃→**稜線（尾根）のような自然地形の陰に車体を置き、砲塔部だけ露出して攻撃する方法。敵からは発見されにくい上に、命中弾を受けにくく、当たっても装甲がもっとも厚い部分となる。戦車の車体がスッポリ収まる戦車壕を掘って、砲塔だけを出して攻撃する場合もある。

No.032

装甲材の発達と複合装甲の登場

普通の鋼板から始まった戦車の装甲は、やがて防弾鋼板が発明され、現在は様々な材料を重ね合わせた複合装甲が主流になっている。

●攻撃武器の威力増大とともに発達した装甲技術

戦車の装甲の材質は、戦車を攻撃する武器に対応すべく、時代とともに進化してきた。戦車の始祖であるイギリスの『マークⅠ戦車』は、6～12mmの厚みを持つ普通の鋼板を用いていた。当時の小銃弾や機関銃弾には耐えることができたが、やがて弾芯に重金属を使った徹甲弾（てっこうだん）で貫通されることが発覚。そこで改良型の『マークⅣ戦車』では防弾鋼板が採用された。

防弾鋼板は、材料にニッケルやクロム、マンガンなどを含んだ鉄を圧延（あつえん）して製造することで、素材の強度を上げたものだ。また、表面に炭素を浸透させ硬化処理を施した「浸炭鋼板（しんたんこうはん）」や、高温で焼き入れを施すなどの工夫がなされた。そして装甲を厚くすることで、強度を増していった。

しかし、装甲を貫通するために作られた戦車砲弾の発達とともに、防弾鋼板による通常装甲では、攻撃を防ぐことが難しくなった。特に、メタルジェットで装甲を貫通する成形炸薬弾（せいけいさくやくだん）(HEAT)は歩兵が扱う対戦車ロケット弾の弾頭にも使われるようになり、戦車にとって大きな脅威となった。

そこで開発されたのが、「中空装甲(スペースド・アーマー)」と呼ばれる、あえて空間を設けてメタルジェットの威力を殺ぐ方法だ。さらにその発展型として、複数の材質を重ね合わせて作る「複合装甲(コンポジット・アーマー)」が開発された。セラミックやチタン合金、劣化ウラン合金など、様々な材料を鋼板でサンドし多層に重ね合わせたもので、現在の減口径徹甲弾などの運動エネルギー弾にも効果が高い。ただし複合装甲は各国とも最重要軍事機密で、材質や構造の詳細はほとんど明らかにされていない。

1980年代以降の第3世代戦車は、平面的な外見が特徴の複合装甲の採用が標準だ。さらに必要に応じて装甲の強化ができ、破損した部分を容易に取り替えられるような、着脱式の「モジュラー装甲」も登場している。

新世代の複合装甲

中空装甲
（スペースド・アーマー）

外側の装甲と内側の装甲の間に空間を設け、成形炸薬弾が発するメタルジェットを拡散して威力を吸収する。

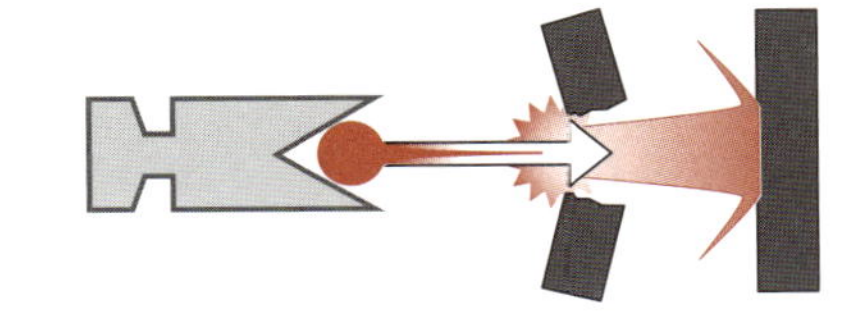

複合装甲
（コンポジット・アーマー）

防弾鋼板の間にセラミックやチタン合金、劣化ウラン合金など、様々な素材を多層に重ね合わせている。その構造は各国様々で軍事機密だ。成形炸薬弾だけでなく、運動エネルギー弾にも効果が高い。

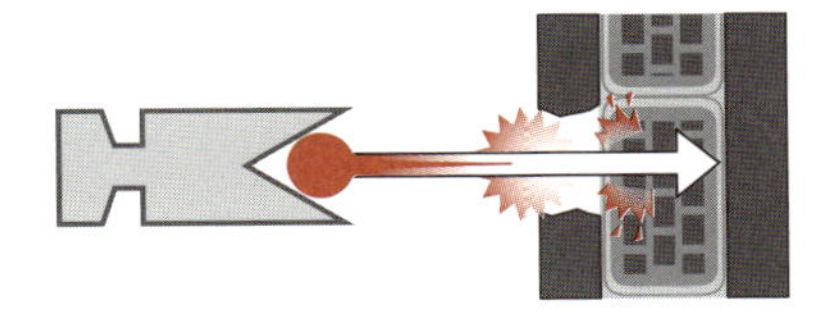

モジュラー装甲を取り入れた最新の戦車

10式戦車
（日本：2010年）

陸上自衛隊の第3.5世代といわれる最新鋭戦車。独自開発の軽量な複合装甲を採用し、防御力を保ちつつ重量44tと軽量化することに成功。

砲塔や車体の前面＆側面は取り外しの利くモジュラー装甲構造。輸送時には外して軽量化することも可能。

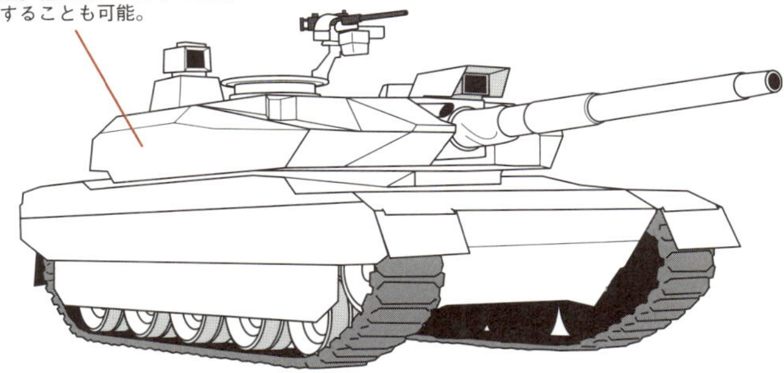

豆知識

●**チョバム・アーマー**→アメリカの『M1エイブラムス』やイギリスの『チャレンジャーⅠ』に採用され、湾岸戦争でその威力が実証された複合装甲が「チョバム・アーマー」だ。セラミックを用いた複合装甲の代名詞として知られ、その名はイギリスの戦車研究所がある地名に由来している。

No.033

増加装甲で防御力UP！

防御力を高めるために後付けで装甲を追加する増加装甲は、最初は戦場での緊急処置として行われていた。特に成形炸薬弾には効果がある。

●成形炸薬弾対策に効果が高い増加装甲

戦車や装甲車で、さらに防御力を上げる手法としてよく使われるのが元の装甲の上に、さらに後付けの装甲を加える増加装甲だ。もっとも簡単な増加装甲は、防弾鋼板をボルト止めで追加する方法。第二次大戦時には、旧式の戦車の防御力を上げるために行われた。また、予備の履帯や転輪を装甲正面や側面にセットして装甲の足しに使うこともあった。

また歩兵が使う対戦車ロケット弾に対応するために第二次大戦時のドイツ軍が編み出したのが、「シェルツェン」という車体サイドに付ける薄い鋼板製の防楯だ。車体との間に距離を置き、成形炸薬弾をシェルツェンで炸裂させ、本体の装甲へのメタルジェットによる被害を軽減する。原理的にはスペースド・アーマーと同じだ。これは現代の装甲車両でも、網状の防楯を車体側面に配置する「スラット・アーマー」として、使われている。またシェルツェンには履帯や転輪を榴弾砲の破片などから保護する働きもあった。これも現在の戦車に採用される「サイドスカート」と同じだ。

1980年代に開発された画期的な増加装甲が、「リアクティブ・アーマー（ERA＝爆発反応装甲ともいわれる）」だ。爆薬を詰めたタイル型のもので、車体の装甲の上に並べて装着する。成形炸薬弾が当たると、内部の爆薬が爆発し、表面のパネルが飛散して成形炸薬弾が吹き出すメタルジェットを遮って弱めるという仕組みだ。

ちなみにERAに仕込まれた爆薬は外側向けの指向性があり、車体を傷つけることはない。ただし、その爆発が周囲に随伴して展開する味方の歩兵に被害を与えることもあり、まさに戦場だけで使われる諸刃の剣だ。

またスラット・アーマーとERAはいずれも、あくまでも成形炸薬弾対策であり、現代の戦車が撃つ高速な運動エネルギー弾への効果は薄い。

成形炸薬弾に効果が高い増加装甲「シェルツェン」

シェルツェンを装備したⅣ号戦車H型
（ドイツ：1943年）

砲塔の周囲もシェルツェンでカバー。

ここに隙間を空けるのがミソ！成形炸薬弾のメタルジェットの効果を弱める。現在のスラット・アーマーも原理は同じ。

元々はソ連の対戦車ライフル対策で履帯をカバーするために施された増加装甲だった。

爆発して自分を守るリアクティブ・アーマー

爆発して表面の金属カバーを飛ばし、成形炸薬弾が発するメタルジェットを、飛散した破片で減衰する。

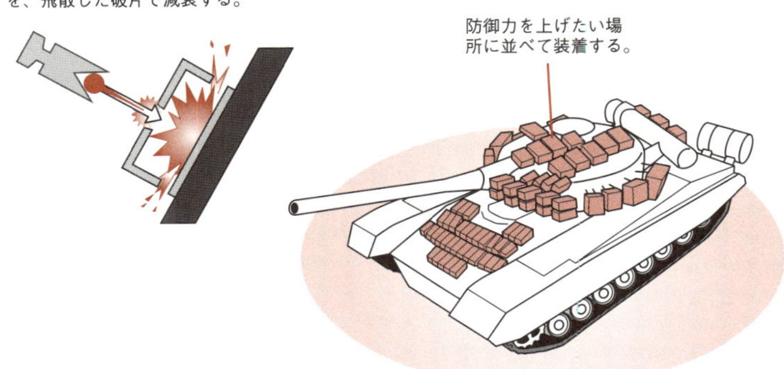

豆知識

●**砲塔基部をカバーするチェーンカーテン**→イスラエルの『メルカバ戦車』は、砲塔後部に重りを付けた鎖をカーテンのように垂らしている。これも増加装甲の一種で、戦車の弱点のひとつである砲塔の基部を、成形炸薬弾のメタルジェットからカバーする工夫なのだ。

No.034

進化した戦車の「目」

戦闘においては視界を確保することが重要だが、装甲に囲まれた戦車の中から外を見るために、様々な工夫が考え出されてきた。

●乗員を敵攻撃の直撃から保護するペリスコープ

装甲に囲まれた戦車や装甲車の大きな問題点が、外を見る覗き穴をどうするかだ。初期の戦車や装甲車では、「覘視孔(てんしこう)(スリット)」と呼ばれる細い横長の覗き穴を設けて、そこから外を覗いていた。しかし、その隙間からは視界が限られる上に、むしろ敵の狙撃兵に狙われる的となった。やがて、覘視孔に防弾ガラスをはめ込むなどの対策が採られたが、それでも強力な狙撃銃や砲弾の炸裂は防ぐことができず、乗員への被害が続出した。

そこで1930年代に戦車に装備されたのが、2個のプリズムや反射鏡を組み合わせた「ペリスコープ(潜望鏡)」だ。これを通して外を覗くことにより、ペリスコープを直撃されても、乗員に直接被害が及ぶことはなくなった。操縦手用のペリスコープは戦車の前面に設置。戦車長用は、砲塔上の出入り口を兼ねたコマンダーズ・キューポラ(指令塔)に360度の視界が確保できるように複数備え付けられた。また砲手や装填手用のペリスコープも備えて、周囲への監視能力を高めた戦車も多かった。その後ペリスコープも進化し、望遠切り替え機能などを備えるようになった。

現代の第3世代以降の戦車でもペリスコープは備えられているが、それに加えて映像式の視察装置(CATV)が設けられ、乗員はモニターを通して外部の様子を見ている。この視察装置は、通常の可視光だけでなく、暗い場所でも光を増幅する低光量映像装置や、熱線を捉える赤外線映像装置などの機能も備えている。従来のペリスコープのように肉眼では難しかった夜間や悪天候下での視界を確保することも可能となっている。

また視察装置は戦車のFCS(射撃統制装置、No.030参照)とも連動している。車長が見つけた攻撃目標を砲手が引き継ぎ、砲手が攻撃する間に車長が次の目標を探すような、オーバーライド機能を備える戦車も出現している。

戦車の「目」の進化

創始期

覗視孔（スリット状の細長い覗き穴）の装備。狙撃のターゲットになった。

〜1930年代

覗視孔に防弾ガラスや装甲蓋が付く。しかし威力の大きい弾丸には無力。

1930〜1940年代

ペリスコープの登場。乗員への被害は激減。しかし視界が狭い。

1950〜1980年代

ペリスコープの高機能化。望遠や広い視界確保の工夫がなされ監視能力UP!

1990年代〜

CATVの登場。暗視装置やFCS（射撃統制装置）との連動など様々な高機能を備える。ただし電力が失われると使えないので、光学式のペリスコープも備える。

ペリスコープの構造と配置

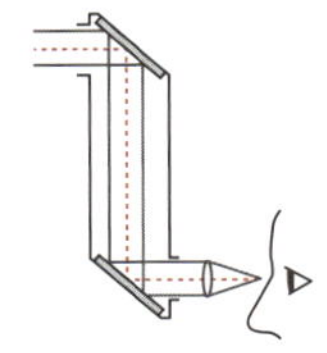

2個のプリズムや反射鏡を使って、装甲の中から間接的に外部を覗く。戦車のペリスコープは、両目で覗くタイプで、できるだけ広い視界が得られるように工夫されている。

現代の戦車が備える視察装置

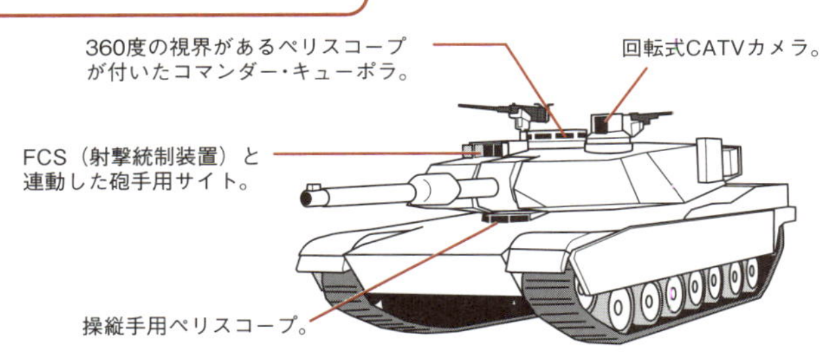

豆知識

●**廃れた赤外光サーチライト**→夜間の視界を確保するために、最初はサーチライトが備えられ、第2世代戦車では肉眼では見えない赤外光サーチライトが採用された。しかし相手も赤外線暗視装置を持っていればはっきりと見えてしまうため、現代では廃れてしまった。

No.035

戦車乗員構成の変遷

戦車を運用する乗員の数は、時代によって変わっている。現代では、自動装填装置を搭載し乗員を３名に減らした戦車も登場している。

●時代と装備により変遷した戦車の乗員数

創始期の戦車を運用するには、大勢の乗員が必要だった。イギリスの『マークⅠ』は8名、ドイツの『AV7』に至っては、なんと18名の乗員で運用していた。車長(最初は艦長と呼ばれた)の他に複数の操縦手、さらには多数積んだ砲や機銃にもそれぞれ要員が必要だったからだ。一方でフランスの『ルノーFT-17』のように、2名で操作する小型戦車もあった。

第二次大戦前後になると、一部の例外を除けば乗員は5名が普通になった。車長、操縦手、砲手、装填手(主砲の弾を込める役目)の4名に加え、車体前面に機銃を備えた戦車では、機銃手も加えた5名となった。また当時の無線機は操作が難しく、機銃手が無線手も兼ねることが多かった。

この傾向は戦後の第1世代の戦車にも引き継がれた。しかし車体前方に備えた車載機銃が、効果が少ない上に防御上の弱点になることが認識されるようになり、第2世代戦車では前方機銃が廃止され乗員も4名と減った。

1966年になると、新たなテクノロジーが登場した。旧ソ連の主力戦車『T-64』と、スウェーデンのユニークな無砲塔戦車『S-TANK』が、主砲の自動装填装置を搭載したのだ。それに伴い、乗員は車長、操縦手、砲手の3名に減っている。自動装填装置はその後のソ連〜ロシアの戦車の他、日本の『90式』『10式』、フランスの『ルクレール』など第3〜3.5世代戦車にも採用され、乗員は3名となっている。口径が大きくなった120〜125mmサイズの主砲弾は非常に重くなり、人力での装填作業は一苦労だからだ。

一方で、アメリカやイギリス、ドイツといった国々では、いまだに装填手を乗せた4名体制だ。一説にはこれらの国々では、自動装填装置の信頼性に疑問が払拭できないことや、戦車の日常的な整備なども考えると3名ではマンパワーが足りないと考えているからだともいわれている。

戦車の乗員の変遷

第一次大戦の『マークⅠ』
乗員8名

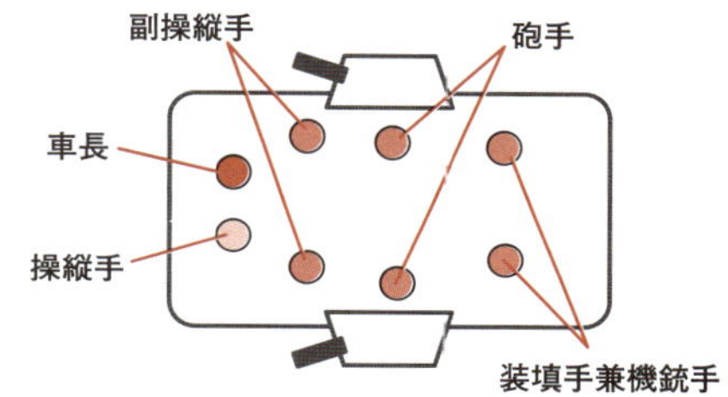

第二次大戦時の戦車
乗員5名

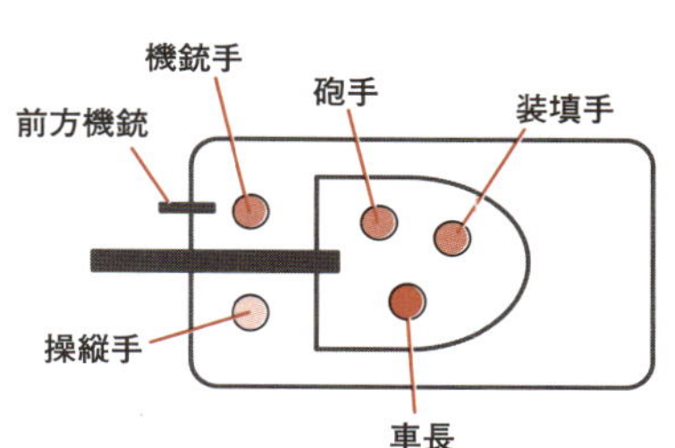

戦後の標準的な戦車
乗員4名

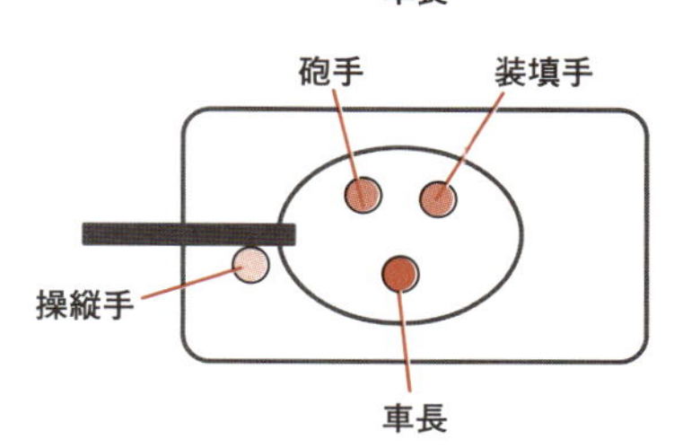

自動装填装置を備えた戦車
乗員3名

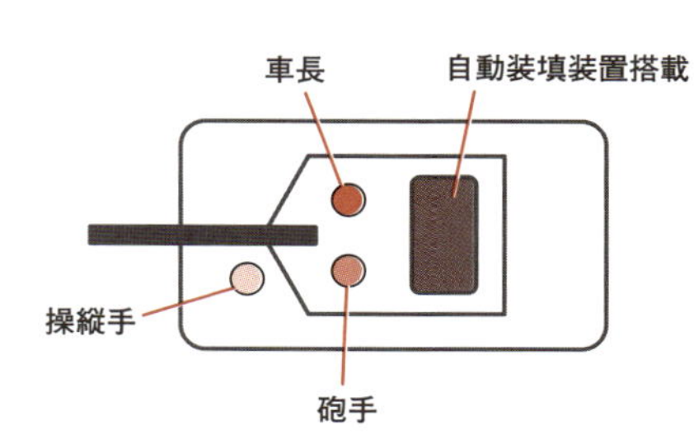

豆知識

●**戦車の整備は大変**→戦車のトラブルとして、もっとも頻繁に起こるといわれるのが、履帯が切れること。そのため予備の履帯パーツを積むが、その修理には人手が必要だ。また、日常的なメンテナンスや砲弾の補給など、戦車を維持する整備には手がかかる。

No.036

戦車の渡渉水深はどれくらいか？

悪路走破性が高い戦車にとって、水深1m程度なら、普通に走ることが可能だ。さらに戦車が水没する深さを渡る工夫も考えられている。

●戦車は短距離なら水底を走って渡渉できる

よく、豪雨時に水の溜まった場所にはまり込んだ自動車がエンジンストールを起こして立ち往生する映像を見かけるが、こと戦車においてはその程度で行動不能になっては役に立たない。

モノコック構造の車体を持つ戦車は機密性が高い構造になっている。第二次大戦前のボルト止め構造の時代はともかく、溶接によって組み合わされるようになってからは、高い密閉性を生み出した。そのため、第二次大戦時の戦車でも車体後部上方にあるエンジングリルや排気管が水没しない水深なら、問題なく走ることができる。戦車の大きさにもよるが、水深1m程度なら特別な装備がなくても渡ることが可能。さらに吸排気管を垂直方向に伸ばすシュノーケルを使えば、その高さまでの水深なら大丈夫だ。

また、車体が完全に水没するような深い水深でも、水底を走る工夫が考えられた。第二次大戦時のドイツでは、戦車の隙間を塞いだ上で吸気口から水面に浮かぶブイにゴムホースを繋ぎ、水深10m程度の水底を走る実験を行い成功している。本来の目的であった「海を隔てたイギリス本国侵攻」は無理だったものの、大河の渡河作戦などで実際に使用した。

また現代の戦車は**NBC兵器**に対しての防御対策が考慮され、車体全体が非常に機密性の高い構造となっている。そのため主力戦車の多くは、簡単な装置を付けるだけで、数mの水底を走れる能力を持ち合わせている。コマンダーズ･キューポラにカニング･タワーと呼ばれる監視塔とシュノーケルを兼ねる筒を取り付け、吸気をカニング・タワーから引き込む装置と、排気を水中に排出する弁をセットするだけだ。カニング・タワーの高さまでの水深なら潜ることができる。ただし水中では視界が得られないため、車長がカニング・タワー上から目視で監視しながらの手探り走行となる。

戦車の渡渉限界

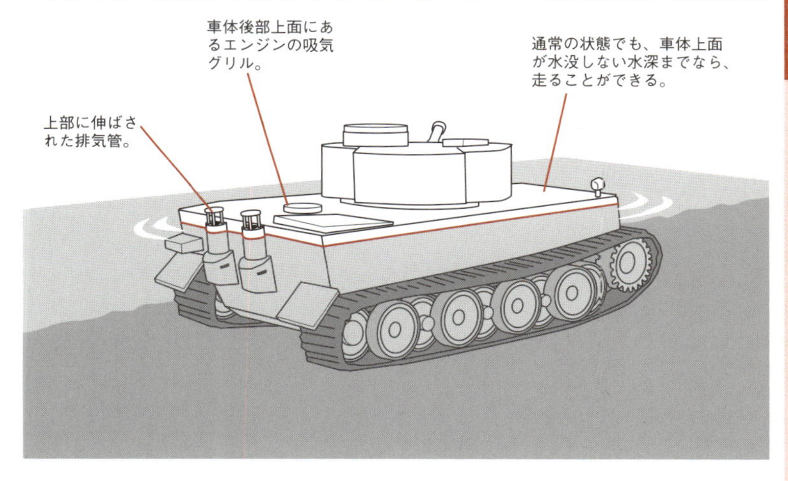

水底を走る戦車

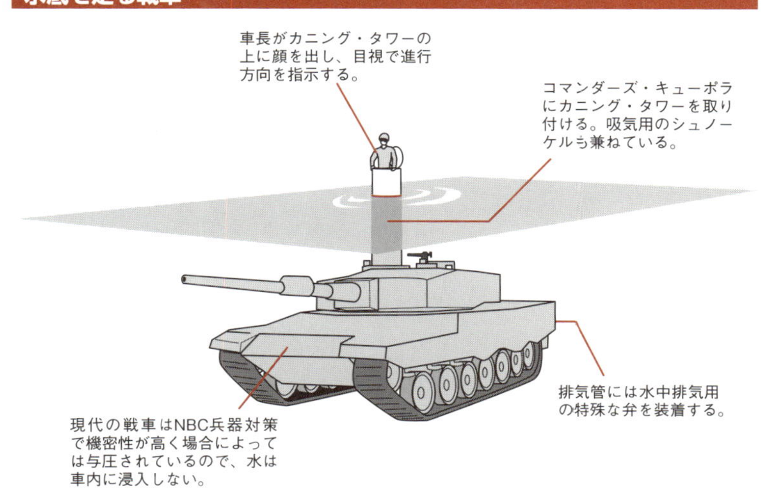

用語解説

●**NBC兵器**→N＝核兵器（Nuclear）、B＝細菌兵器（Biological）、C＝化学兵器（Chemical）の大量破壊兵器の総称。現代の戦車はNBCで汚染されたエリアでも行動できるように、高い機密性に加え内部を与圧して外気の進入を防ぎ、NBCフィルターを設けるなどの工夫がなされている（No.081参照）。

No.037

軽戦車の進化系、空挺戦車

小型軽量の軽戦車をベースに、空挺部隊とともに戦場に空中投下する空挺戦車が登場した。重火力を持たない空挺部隊の頼もしい味方だ。

●空挺部隊を支援する機甲打撃力として生まれた空挺戦車

飛行機の発達とともに誕生したのが、敵地に空から降下侵入する空挺部隊だ。各国において、歩兵部隊の中でも精鋭部隊とされていたが、その最大の悩みは機甲打撃力に欠けることだった。そこで考案されたのが、空挺部隊とともに空から投入できる空挺戦車だ。

第二次大戦以前はその機動性で注目を浴びていた軽戦車だが、薄い装甲が災いして、偵察などの任務で活躍したものの次第に活躍の場を減らしていた。しかしイギリス軍は、余剰装備となっていた車重7.6tの『マークⅦテトラーク軽戦車』を大型のグライダーに積み、空挺戦車として使用した。1941年のノルマンディ上陸作戦に伴い、イギリス空挺部隊とともにドイツ軍の後方に降下し、初の戦車による空挺作戦を実現した。

戦後も各国で、小型軽量の空挺戦車が作られた。中でも力を入れたのが、旧ソ連だ。無砲塔の車体に対戦車砲を積んだ『ASU57/85』シリーズに続き、アルミ合金を多用した『BMD』シリーズを登場させ、輸送機から直接空中投下を行うことを可能にしていた。その思想はロシアに変わった今も引き継がれ、その最新バージョンでミサイルランチャー兼用の100mm滑腔砲（かっこうほう）と30mm機関砲を備える『BMD-4』は、現在も生産配備が進められている。

一方でアメリカでは、1966年にアルミ合金製で重量約16tの、『M551シェリダン空挺戦車』を開発した。ミサイルと砲弾の両方を発射可能な152mm**ガンランチャー**を備え、機動力が高くバランスのいい軽戦車としてベトナム戦争から実戦に参加。1991年の湾岸戦争でも緊急展開部隊として投入されたが現在は退役した。また純然たる空挺戦車ではないが、フランスの『AMX-13』やイギリスの『スコーピオン』などの軽戦車も、輸送機や大型ヘリコプターでの空輸を前提として開発され、海外への派兵で活躍した。

輸送機から直接空中投下される空挺戦車

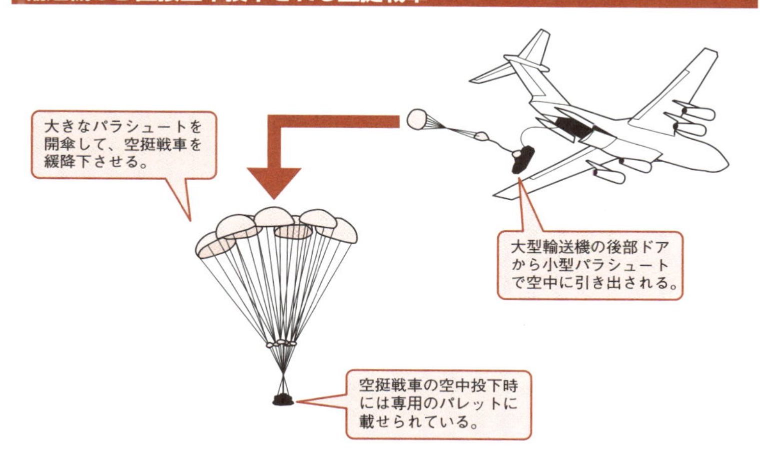

空挺戦車が持つ戦力は？

M551シェリダン
（アメリカ：1965年）

約16tと軽量で、輸送機に積んだり、大型ヘリコプターで吊り下げての空輸が可能。

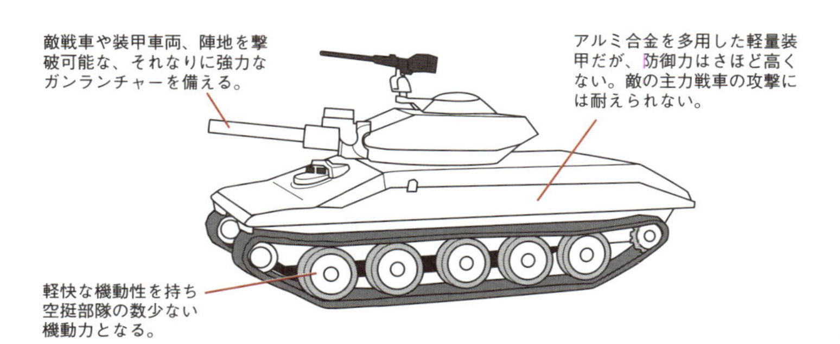

攻撃力や機動性は高いが、防御力は弱い。
味方の主力が到着するまでの、応急的な戦力だ！

用語解説

●**ガンランチャー**→通常の砲弾の他に対戦車ミサイルも発射できる構造の砲。『M551シェリダン』の152mmガンランチャーは、成形炸薬弾とシレイラ対戦車ミサイルを使用する。ただし連射性には欠けるため機甲戦には向かず、待ち伏せ的な対戦車戦闘で威力を発揮した。

No.038

対戦車能力を強化した無砲塔戦車

歩兵支援としてドイツが開発した無砲塔の突撃砲は、対戦車戦闘での優位性を買われ、主力戦車の不足を埋める存在として活躍した。

●対戦車戦闘で威力を発揮した無砲塔の突撃砲と駆逐戦車

ドイツ軍は第二次大戦緒戦に、当時の主力戦車である『Ⅲ号戦車』の車体を流用し、車体前面に短砲身カノン砲を装備して歩兵の支援をする『Ⅲ号突撃砲』を投入した。この車両は砲塔がなく砲の射角が制限される代わりに、補って余りある利点を備えていた。まずベース車両より口径の大きい砲を装備できたこと。次に砲塔の分だけ全高が低く、敵に発見されにくかったことだ。また構造が簡単なため生産性が良く、比較的短時間に量産することが可能。修理が必要な戦車を突撃砲に改装することもあった。

最初は歩兵支援で敵陣地の攻撃などに使われたが、やがて敵戦車の襲来から歩兵を守る対戦車戦闘に使われるようになった。特に主力戦車が不足した大戦後半には、対戦車戦闘を目的とした長砲身の75mm砲と強化した前面装甲を備え、対ソ連の東部戦線では主力戦車同様の活躍を見せた。

その成功にドイツ軍は、対戦車戦闘を目的とした無砲塔の駆逐戦車を、主力戦車をベースにして次々と開発した。1～2クラス上の強力な対戦車砲とより厚い前面装甲を装備し、敵戦車の前に立ちはだかった。

ドイツの突撃砲や駆逐戦車の威力を目の当たりにしたソ連軍も、『T-34戦車』をベースとして無砲塔の車体に強力な対戦車砲を積んだ『SU-85/100自走砲』を開発。一方でアメリカやイギリスでは、用兵思想の違いから無砲塔戦車は誕生していない。強力な戦車砲を積む代わりに天井を省き軽量化したオープントップの回転砲塔を備えた、駆逐戦車を採用している。

戦後もドイツやソ連では、対戦車目的の駆逐戦車が作られた。またスウェーデンは、1966年に無砲塔でコンパクトな車体を持つユニークな第2世代主力戦車『Strv.103』を開発した。しかし現在ではすべて退役し、無砲塔戦車の系譜は対戦車ミサイルを装備した装甲車両に引き継がれた。

対戦車戦闘に威力を発揮した第二次大戦時の無砲塔戦車

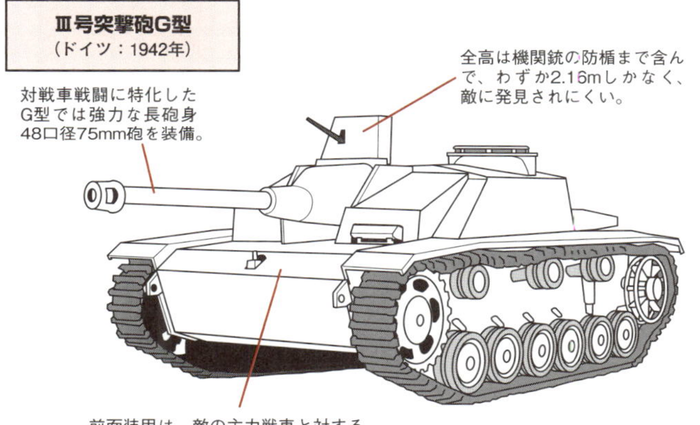

主な突撃砲／駆逐戦車とベース戦車の主砲比較

	ベースとなった主力戦車：搭載主砲	突撃砲／駆逐戦車／対戦車自走砲：搭載主砲
ドイツ	Ⅲ号戦車F型：46.5口径37mm砲	Ⅲ号突撃砲B型：24口径75mm砲
ドイツ	Ⅲ号戦車G型：42口径50mm砲	Ⅲ号突撃砲G型：48口径75mm砲
ドイツ	38（t）戦車：47.8口径37mm砲	38（t）駆逐戦車ヘッツァー：48口径75mm砲
ドイツ	Ⅳ号戦車D型：24口径75mm砲	Ⅳ号突撃砲：48口径75mm砲
ドイツ	Ⅳ号戦車H型：48口径75mm砲	Ⅳ号駆逐戦車：70口径75mm砲
ドイツ	Ⅴ号戦車パンター D型：70口径75mm砲	Ⅴ号駆逐戦車ヤークトパンター：71口径88mm砲
ドイツ	Ⅵ号戦車ティーガーⅡ：71口径88mm砲	Ⅵ号駆逐戦車ヤークトティーガー：55口径128mm
ソ連	T-34-76：30.5口径76.2mm砲	SU-85対戦車自走砲：51.6口径85mm砲
ソ連	T-34-85：51.6口径85mm砲	SU-100対戦車自走砲：53.5口径100mm砲

ドイツもソ連も、ベース戦車よりそれぞれ1～2クラス上の戦車砲を搭載している！

豆知識

●**アメリカの駆逐戦車**→第二次大戦後期のアメリカ軍も、『M4シャーマン』の車体に強力な対戦車砲を積んだ駆逐戦車『M10』（76.2mm砲）や『M36』（90mm砲）を投入した。しかし回転砲塔式にこだわり、天井のないオープントップとして高さと重量を抑えたため防御力は低かった。

No.039

展開力が武器となる装輪戦車

装輪車両の機動力を持つ装輪戦車は、第二次大戦時から偵察や補助的な打撃戦力として使われてきた。現在は展開力が再評価されている。

●路上機動性と火力は高いが装甲は薄い装輪戦車

路上機動性の高い装輪車両に、戦車砲なみの強力な武装を積むという発想は、第二次大戦時に生まれた。イギリスやドイツでは、戦車砲を積んだ大型の装輪装甲車やハーフトラックを開発し、補助的な機甲戦力として使った。またソ連で開発された快速戦車『BT』シリーズは、転輪がタイヤになっており、履帯(りたい)を外すと路上を速度70km/h程度の高速で走行できた。

装輪戦車の最大の利点は、路上機動力にある。実は履帯で動く普通の戦車は長距離の移動が苦手で、無理をすると故障してしまう。そこで鉄道や船、大型トレーラーなどで戦場近くまで運ばれることが常だ。一方で装輪戦車なら、遠距離を自走して戦場に向かうことが可能。遠距離の戦場に素早く戦車砲を持った打撃力を投入できることは、それなりに意味がある。

しかし装輪式ならではの大きな弱点もある。まず不整地での走行性能は、装軌式に比べ明らかに劣る。また軽く作る必要があり、犠牲になるのが装甲だ。さらに武装も主力戦車より弱くなるため、戦場の主役にはなりえず、あくまでも偵察任務や補助的な戦力として使われていた。

イギリスやフランスなど、海外に旧領土があり海外展開が多い国々では、戦後もそれなりの大口径砲を積んだ装輪戦車を運用してきた。相手がゲリラなど機甲戦力を持たない組織の場合には、十分に打撃力を発揮できるからだ。さらに近年になり、イタリアで105mm戦車砲搭載の『チェンタウロ』が開発された。アメリカも、装輪装甲車で機械化された緊急展開部隊の火力支援車両として、『ストライカーM1128機動砲システム』を導入。また陸上自衛隊でも、8輪装甲車に105mm砲を装備した『機動戦闘車』を開発し、本州と四国に配備を予定。**統合機動防衛力**の要として、日本の発達した道路網を利用し素早く戦力展開することが期待されている。

自衛隊の最新装輪戦車

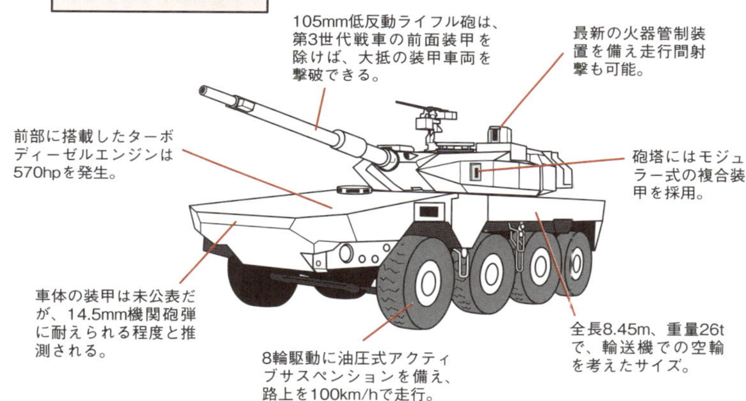

装輪戦車のメリットとデメリット

○ 装輪戦車のメリット

・路上走行性能が高く高速で移動可。

・長距離移動も自走でOKのため素早い展開が可能。移動費用も安くすむ。

・主砲は第3世代の主力戦車の装甲は難しいが、それを除けばほとんどの装甲車両を撃破できる。

・大型輸送機などで空輸しやすい。

✕ 装輪戦車のデメリット

・不整地での走行性能は装軌式戦車には及ばず、特に軟弱な地形は苦手。

・軽量のツケは特に装甲の薄さにシワ寄せが来る。敵の戦車砲や対戦車ミサイルには耐えられない。

・車体が軽く発射の反動を抑えきれないので、120mmクラスの大口径砲の搭載は難しい（命中率が低下）。

偵察任務や軽装備の敵との戦闘など、敵の戦車がいない戦場で活躍する。現在は長距離移動や空輸が必要な緊急展開部隊の支援打撃力として期待される。

用語解説

●**統合機動防衛力**→機動性の高い装備を揃え有効的に運用しようという日本の新しい防衛構想。『90式』と『10式』の主力戦車は北海道と九州に集中配備し、本州と四国には旧式の『74式』の後継として8輪の『機動戦闘車』を配備。有事での展開力を高める。

No.040

兵員輸送車の誕生

第二次大戦時のドイツは歩兵に機動力を与えて、電撃戦で大戦果を上げた。やがて歩兵を運ぶ兵員輸送車や装甲兵員輸送車が登場した。

●歩兵に機動力を与えた兵員輸送車

古くから歩兵は、徒歩で移動する戦力だった。ローマ帝国の象徴ともいえる重装歩兵は、移動速度は通常で1日25km、強行軍でも1日35km程度。この歩兵の移動能力は、鉄道や車両が登場するまで大きく変わらなかった。

第一次大戦時には、各種軍用自動車やトラックが実用化された。しかし自動車はまだ特別な装備で、物資輸送が最優先。当時のフランス軍が、徴用した自動車で歩兵を輸送したようなわずかな例を除いては、歩兵は列車や船で戦地に赴き、あとは相変わらず徒歩で移動していた。

歩兵に移動手段を与えた機械化歩兵を初めて実現したのは、第二次大戦緒戦のドイツ軍だ。1939年、戦車を中軸とした電撃戦でポーランドに怒涛の進撃を行ったドイツ軍は、新しい歩兵戦術を編み出した。6輪の軍用トラックに歩兵を乗せた自動車化師団を投入、戦車中心の機甲師団にも機械化歩兵を随伴させた。これが実戦に大量投入された兵員輸送車の始まりだ。

さらにドイツ軍は、大砲の牽引車両として使われていたハーフトラックを改良。兵員輸送用の装甲ハーフトラック、6人乗り(乗員1名兵員5名)の『Sd.kfz.250』と、大型で12人乗り(乗員1名兵員11名)の『Sd.kfz.251』を開発。これに乗り込む機械化歩兵は**装甲擲弾兵**(てきだん)と呼ばれた。

アメリカも、同時期に10人乗りの装甲ハーフトラック『M2』と13人乗りの『M3』を開発。大量生産して戦場に投入した。これらの車両が、装甲兵員輸送車(APC = Armoured Personnel Carrier)の元祖となった。

『Sd.kfz.250/251』や『M2/3』といったハーフトラックの装甲は、最厚部でも12～14mmだったが、小銃弾や機関銃弾、榴弾砲(りゅうだんほう)の破片などから兵員を守るには大きな効果をもたらした。また機関銃を搭載し、下車した歩兵の火力支援や乗車したままの戦闘も行われた。

歩兵の機動性の歴史

起源前～18世紀

歩兵は陸上では徒歩で移動した。行軍速度は強行軍でも1日35km程度。

19世紀

鉄道が登場し、歩兵は戦場近くまでは鉄道で移動。しかし戦場では徒歩移動。

第一次大戦

徴用した自動車で歩兵を輸送したこともあるが、大半の歩兵はまだ徒歩移動のまま。

第二次大戦緒戦（1939年）

ドイツがポーランド侵攻の電撃戦に自動車化歩兵を投入。トラックで歩兵を輸送。

第二次大戦中盤（1941年ごろ）

不整地でも移動でき兵員を保護する装甲を備えた装甲ハーフトラックが出現。

装甲兵員輸送車（APC＝Armoured Personnel Carrier）の誕生！

ハーフトラック式　装甲兵員輸送車

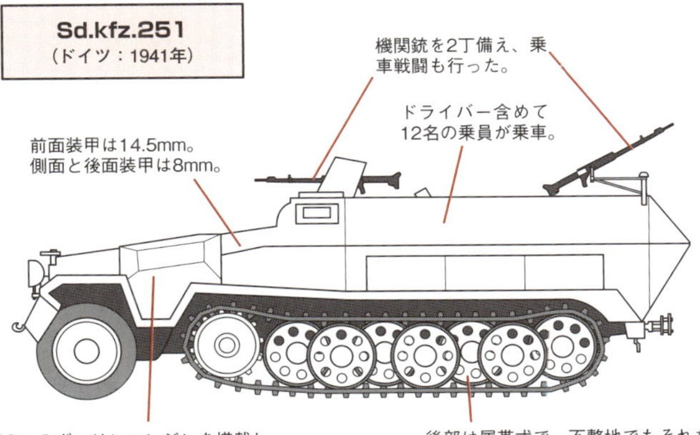

用語解説

●**装甲擲弾兵**→元々は18世紀から19世紀に手投げ弾を持ったエリート兵を擲弾兵と呼んでいた。第二次大戦時のドイツ軍では、装甲ハーフトラックを駆使した機械化歩兵を、国民への戦意高揚の意味も含めて特に装甲擲弾兵（Panzergrenadiere）と名付け、装甲擲弾兵師団を創設した。

No.041

戦車と行動を共にする装軌装甲兵員輸送車

戦車は援護する歩兵がいないと敵歩兵の近接攻撃の餌食になる。そこで不整地でも戦車に随伴できる装軌式の装甲兵員輸送車が登場した。

●戦車を敵歩兵から援護する随伴歩兵が登場

絶大な威力を誇る戦車にも、弱点がある。視界が狭いため潜んだ歩兵を見逃し、近接攻撃を受けて撃破される被害が続出したのだ。そこで敵歩兵を発見し排除して戦車を援護する歩兵が必要となった。しかし歩兵は機動性が低かったため、第二次大戦のドイツやアメリカでは、戦車隊に随伴する歩兵を輸送する、装甲ハーフトラックが登場した。

一方でソ連や日本では専用の兵員輸送車を持たず、トラックも不足していた。しかもトラックでは不整地走行能力が低く、戦車と同行することが不可能だった。そこで戦車の後部に援護する歩兵を乗せて一緒に行動させるタンクデサント(戦車跨乗(せんしゃこじょう))を行っていた。しかし跨乗歩兵は、敵の攻撃に対し脆弱で、その死傷率は非常に高かった。

●ベストセラーとなったアメリカの『M113』シリーズ

戦後になると、各国とも戦車に随伴できる不整地走行能力を持った装軌式の装甲兵員輸送車(APC)を開発した。第二次大戦中に活躍したハーフトラックでも、不整地での走行性能が不足していたからだ。

装軌装甲兵員輸送車の代表格といえるのが、アメリカが1960年に採用した『M113装甲兵員輸送車』シリーズだ。「戦場のタクシー」の異名を持ち、累計8万両以上が製造され、アメリカのみならず世界各国で使用されるベストセラーとなった。アルミ合金製の箱型の車体の中に乗員2名と兵員11名を収容。戦車に随伴するだけでなく、様々な局面で歩兵を運んだ。

ただし車重は約12tと軽く、装甲は最大38mmで防御能力は十分ではなかった。その後も各国で似たコンセプトの装軌兵員輸送車が多く作られているが、現在は装甲の厚い50tクラスの重量級兵員輸送車も登場している。

跨乗歩兵の死傷率が高かったタンクデサント

タンクデサント
（戦車跨乗）

第二次大戦時のソ連が得意としたが、日本をはじめ他の国々でも使われた戦法。跨乗歩兵は敵歩兵を監視し排除する。

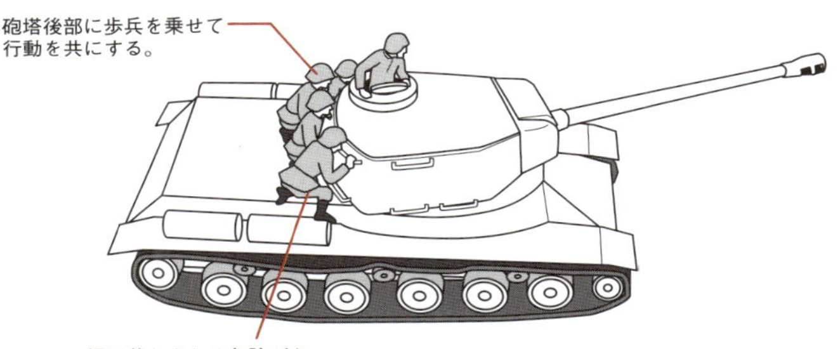

主力戦車に追随できる装軌式の装甲兵員輸送車

M113
（アメリカ：1960年）

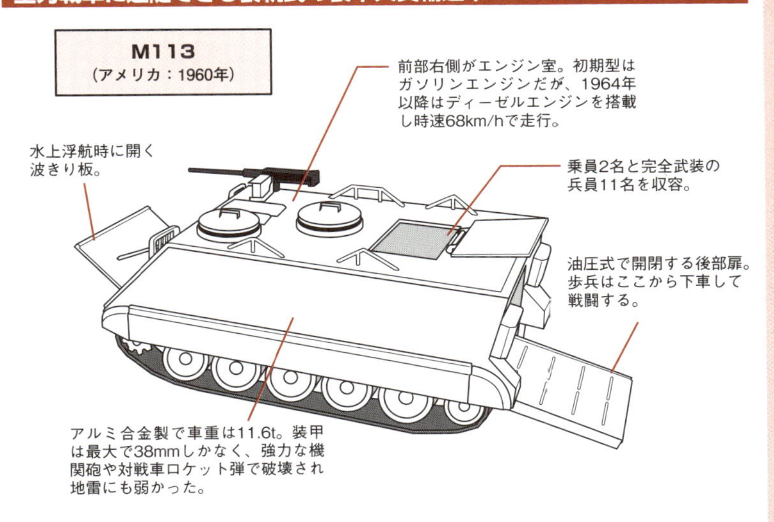

豆知識

●**装軌式装甲兵員輸送車の元祖**→第一次大戦末期に、『マークⅠ戦車』シリーズを元にイギリスで開発された『マークⅨ』は、両サイドに計4カ所乗降ハッチを備え、車体の中に歩兵30～50名を立った状態で収容することができた。しかし終戦までに3両しか完成せず実戦には投入されなかった。

No.042

戦場まで歩兵を届ける装輪装甲兵員輸送車

歩兵を戦場まで輸送する手段として、戦後に発展した装輪装甲兵員輸送車。輸送途中での敵からの攻撃から、歩兵を守る頼もしき馬だ。

●コストパフォーマンスが良く、展開能力に優れる

第二次大戦時に活躍した米軍兵員輸送用のハーフトラックは、その後世界各国の軍隊に供与され広く使われたが、1950年代に入り退役が進む時代には、その後継装備として装輪式の装甲兵員輸送車が作られるようになった。いち早く力を入れたのは旧ソ連で、1950年ごろには4輪トラックをベースに装甲化した『BTR-40』や6輪トラックをベースにした『BTR-152』を開発。さらに1959年には、本格的な8輪装甲兵員輸送車『BTR-60』を配備。水上浮航能力も備えるこの輸送車はベストセラーとなり、東側諸国で広く使われるようになった。

一方、西側諸国でも、1950年代前半にフランスの『パナールEBR-ETT』やイギリスの『サラセン』など、偵察用装甲車をベースに兵員用のキャビンスペースを設けた車両が登場。アフリカの植民地など海外派遣に多く投入された。アメリカも1960年代に入り『コマンドウ』を就役させている。

装輪装甲兵員輸送車は、装軌式ほどの不整地走行能力を持たないため、戦車との随伴や、野戦に投入しての直接戦闘参加能力は限定的だ。しかし道路を使う限りは機動力が高く、専用トレーラーなどに載せなくても自走で展開できるため、治安維持を目的とした海外派兵任務などで重宝された。また装軌式よりも調達コストが安く、空輸もしやすいなどの利点がある。

冷戦が終結した1990年代以降になると、**PKO**派遣など紛争地域での治安維持活動や復興支援活動に派兵することが多くなり、ますます装輪装甲兵員輸送車の需要は高まってきた。日本の陸上自衛隊も8輪の『96式装輪装甲車』を配備し、PKO任務に派遣している。またアメリカでは『ストライカー装輪装甲車』を中核としたストライカー旅団戦闘団を編成し、海外への緊急展開部隊として有事に備えている。

装輪式装甲兵員輸送車のメリットとデメリット

○ 装輪装甲兵員輸送車のメリット

- 路上機動力が高く、自走で長距離の展開が可能。
- 小銃弾や砲撃の破片など、ある程度の攻撃から、歩兵を保護する。
- 大型輸送機に搭載可能で、海外への緊急派遣にも対応しやすい。
- 取得コストや維持コストが比較的安くすむため、数を揃えることが可能。

× 装輪装甲兵員輸送車のデメリット

- 不整地走行能力はそれほど高くないため、道路のない場所での運用が限定的。
- 壕を渡る能力や、障害物を乗り越える能力は、装軌式より劣る。
- 構造上、装甲を厚くできないので、重火器での直接攻撃には耐えられない。
- あくまでも歩兵を運ぶのが任務で、乗車したままの戦闘能力は低い。

アメリカの緊急展開部隊を担う装輪装甲兵員輸送車

M1126ストライカー
（アメリカ：2002年）

モワグ社が開発した『ピラーニャⅢ』を米軍使用に改修した装輪装甲兵員輸送車。

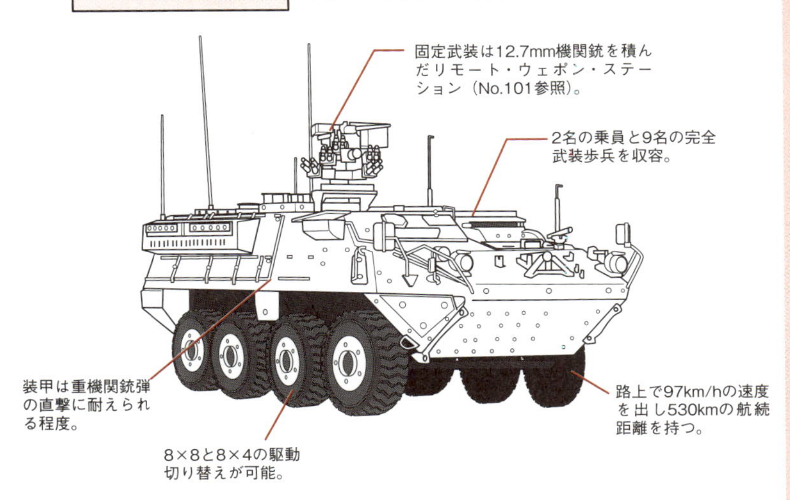

用語解説

●**PKO**→国際連合平和維持活動（United Nations Peacekeeping Operations）の略称で、国際連合の決定により紛争地に派遣され、平和維持活動や監視活動を行う。派遣される軍は、国際平和維持軍（PKF＝Peacekeeping Force）と呼ばれる。

No.043

兵員輸送車の浮航能力

第二次大戦以降になると、特別な装備がなくても渡河作戦が可能なように、兵員輸送車に浮航能力を持たせるようになった。

●大河を渡るために浮航能力を身に付けた兵員輸送車

昔から大きな河川や運河、湖などは天然の要害であり、そこに防衛線を構築することが多かった。そこで、浅瀬以外でも渡河が可能なように、第二次大戦以降の戦闘車両には渡河性能が求められるようになった。

重武装重装甲の戦車の場合は、水面に浮かぶのは難しい。しかし兵員輸送車の重量はそれほど重くなく、また兵員を収容するキャビンスペースがあるため、浮力を稼ぎやすい構造だ。そこで水密製を高め水上を航行する推進力の工夫を施した、水上航行能力を備えた兵員輸送車が登場した。

浮航させるための工夫として、初期には車体周囲に防水スクリーンを展開したり、フロートを追加するなどして浮力を増す方法が試された。現在では特別な追加装備を使わずに浮力を確保することが基本だ。

また水上航行のための推進力は、履帯（りたい）やタイヤを回転する力だけで進む方式がもっとも簡単だが、その場合は低速でしか航行はできない。水上航行能力を重視する車種では、後部にスクリューやウォータージェットなどの専用の推進機を備え、10～15km/h程度の速度で航行可能だ。

アメリカは、1950年代に実用的な装軌装甲兵員輸送車として開発された『M59』に浮航性能を持たせ、その後継でベストセラーとなった『M113』にも引き継がれた。しかし水上での推進力は履帯の回転によっており、限定的だ。一方で旧ソ連では、ウォータージェットを備えた装軌式の『BTR-50』や装輪式の『BTR-60』を早くから登場させた。第二次大戦中に自国内の大河で渡河作戦を経験している旧ソ連ならではの用兵思想が現れている。

簡易的な兵員輸送車の浮航能力では、波のある海での運用は限定的だ。近年登場した中国の『05式歩兵戦闘車』は海での使用を前提に強化したウォータージェットを備え、30km/h以上の速度で航行することが可能だ。

兵員装甲車に浮航能力を持たせるためには?

① 水に浮かぶ軽い構造 → 車体をアルミなどの軽い合金で作ったりして軽量化を図るだけでなく、キャビンスペースを大きくしたり浮きを付けるなどして浮力を得る。

② 水が入らない特殊構造 → 車体は気密性の高い構造にして水の侵入を防ぐことに加えて、水上航行時には波きり板や防水スカートなどを展開するような車種もある。

③ 航行する推進装置を付ける → 水上航行の推進力は履帯の回転のみで得ることも可能だが、後部にスクリューやウォータージェットを付けるほうが航行速度が出る。

兵員輸送車の水上航行装置

履帯回転式

回転する履帯で水をかいて進む。構造は簡単だが航行速度は遅い。

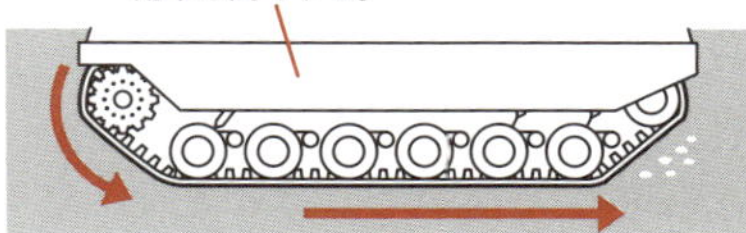

スクリュー式

車体後部に設けたスクリューで航行する。スクリューは航行時のみ駆動力が与えられる。

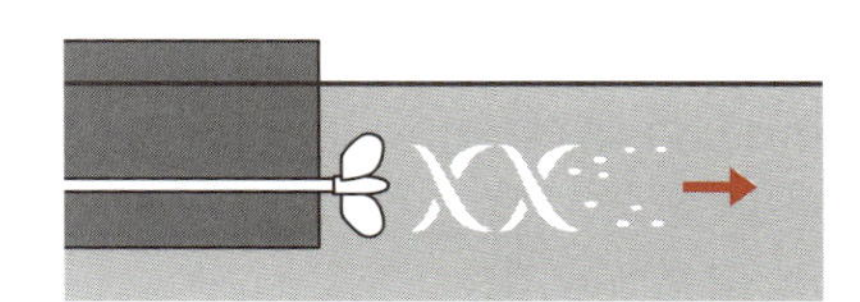

ウォータージェット式

内部にプロペラ(インペラ)があり、吸い込んだ水を噴出した反動で推進する。

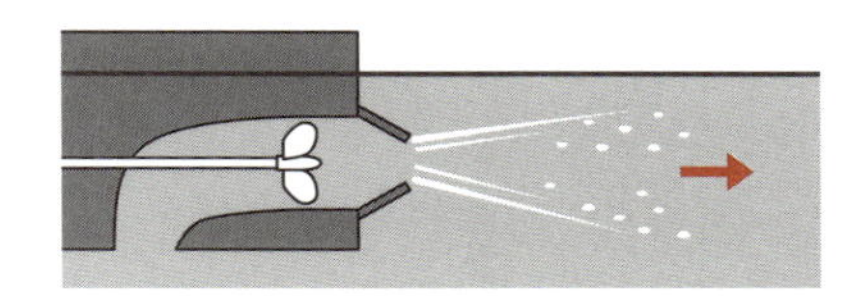

豆知識

●**浮航能力と重装甲は両立しない**→装甲車両に浮航能力を持たせるために最大の障害となるのが、重量を軽くしなければならないこと。そのため装甲を厚くすることは難しく、防御力を犠牲にすることになる。浮航能力と重装甲を両立することは難しい。

No.044

兵員輸送車から進化した歩兵戦闘車

装甲した車体で歩兵を運ぶとともに、重武装を備えて高い攻撃力を誇る歩兵戦闘車は、ベトナム戦争などの戦訓を得て誕生した。

●戦車と連携し援護や支援を行う

1960年代のベトナム戦争でアメリカ軍はアルミ装甲の『M113兵員輸送車』を大量に投入したが、その戦訓により、より装甲が厚くて強力な武装を備えた戦闘車両が必要とされた。そんなおり、1966年に旧ソ連が開発した『BMP-1』は、西側諸国に「BMPショック」といわしめた衝撃を与えた。高い機動性を持った装軌装甲兵員輸送車の車体に、73mm低圧砲と対戦車ミサイルや機銃を組み合わせた重武装の砲塔を装備していたのだ。

それを受けて欧米各国は、重武装を施して乗車戦闘能力を高めた、新しい戦闘車両の開発を始めた。その結果、強力な機関砲を積んだフランスの『AMX-10P』や西ドイツの『マルダー』が生まれ、1980年にはアメリカも機関砲と対戦車ミサイルを搭載した『M2ブラッドレー』を登場させた。また1989年には、日本の陸上自衛隊も『89式装甲戦闘車』を採用している。

これらの戦闘車両は、従来の装甲兵員輸送車(APC)とは違い、歩兵を搭載して戦車に随伴すると同時に、車載武器で直接戦闘に参加することから、歩兵戦闘車(IFV = Infantry Fighting Vehicle)と呼ばれた。

歩兵戦闘車の役割は、主力戦車に随伴して行動し、乗せている歩兵を下車展開させて潜んだ敵兵などを掃討し戦車を援護しつつ、制圧したエリアを確保する役割を持つ。また搭載した武装によって、敵の歩兵や主力戦車以外の装甲車両などに攻撃を加えるなど、戦車砲に頼らなくても撃破できる目標に対して積極的に攻撃参加を行う。さらに対戦車ミサイルを積んでいる場合は、戦車砲よりも長い射程を生かしてアウトレンジでの対戦車戦闘を行うなど、機動戦には欠かせない戦車を補完する装備となっている。

歩兵戦闘車は、本来は主力戦車と連携することでより大きな威力を発揮するが、汎用性が高くそれ以外にも様々な任務で活躍している。

歩兵を運ぶと同時に重武装を備えた歩兵戦闘車

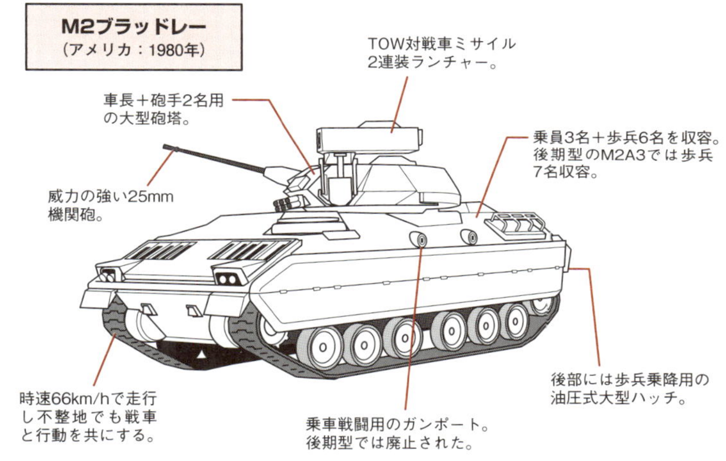

戦車と役割分担して連携する歩兵戦闘車

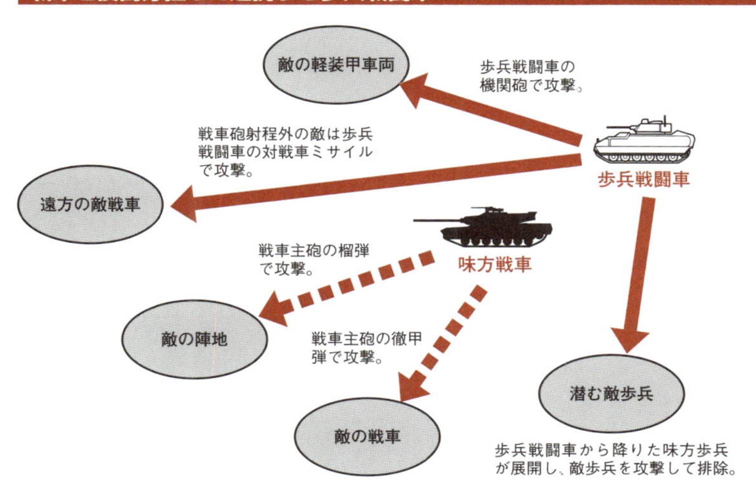

豆知識

●**ガンポート**→1980年代の歩兵戦闘車には、乗車した歩兵が車内に乗車したまま手持ちのライフルで外部攻撃ができるように、ガンポートという銃を突き出せる機構がキャビンに設けうれていた。しかし、装甲に穴を開けることで防御力の低下を招くこともあり、ガンポートは廃止される傾向にある。

No.045

歩兵戦闘車の武装と装甲

戦車と行動を共にして過酷な戦場で使われる歩兵戦闘車は、重武装化がトレンドとなった。また近年はより重装甲化したものも登場した。

●年々、武装と装甲の強化が図られる歩兵戦闘車

1970年代に登場した西側諸国の歩兵戦闘車は、当初は20mmクラスの機関砲を装備していた。しかし、やがて威力不足とされるようになり、1980年登場のアメリカの『M2ブラッドレー』が25mm機関砲、1986年登場のイギリス『ウォーリア』が30mm、1989年登場の日本の『89式装甲戦闘車』が35mm、そして1993年のスウェーデン『CV90』ではついに40mmと、どんどん強力になっていった。また、機関砲に加えて対戦車ミサイルを装備する車両も多い。いざというときは待ち伏せ戦法や戦車砲射程外のアウトレンジ戦法により、敵戦車を撃破することも想定されている。

登場時に重武装で世界を驚かし、歩兵戦闘車の先駆けとなった旧ソ連の『BMP-1』は、73mm低圧砲と対戦車ミサイルを装備していた。その後継の『BMP-2』は機関砲＋ミサイル装備になり、最新の『BMP-3』では、30mm機関砲とミサイルも発射できる100mm低圧砲をコンビにした重武装となった。

一方、武装が強化されると同時に、装甲の強化も年々図られるようになった。歩兵戦闘車は、もともと戦車砲に耐えるほどの装甲は持ち合わせていない。しかし敵の機関砲や、歩兵が放つ対戦車ロケット弾による被害が深刻な事態となったからだ。湾岸戦争をはじめ各地の紛争の戦訓から、増加装甲を付けて装甲強化されるケースが多くなっている。また、イスラエルでは生存性を高めるため、戦車の砲塔を取り去った車体部分を流用した兵員輸送車を開発してきた。最新の『ナメル』は、『メルカバⅣ戦車』をベースとして重量60tもあり、戦場での生存性の高さが自慢だ。この影響もあって、次世代の歩兵戦闘車にはさらなる防御力の強化が図られている。ドイツの最新歩兵戦闘車『プーマ』は、最初から増加装甲を付ける設計で車重43tとなるなど、今後の歩兵戦闘車は重装甲で重くなる傾向にある。

重武装化される歩兵戦闘車

BMP-1
(旧ソ連：1966年)

1人用の小型砲塔に重武装を装備し、世界中を驚かせ、歩兵戦闘車の先駆けとなった。

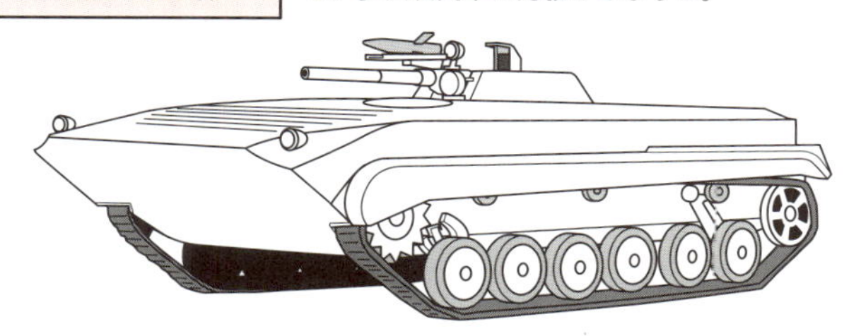

BMPシリーズの重武装化の遍歴

BMP-1	主武装／73mm低圧滑腔砲　＋　対戦車ミサイル×1基 副武装／7.62mm機関銃×1基
BMP-2 (前期型)	主武装／30mm機関砲　＋　対戦車ミサイル×1基 副武装／7.62mm機関銃×1基
BMP-2 (後期型)	主武装／30mm機関砲　＋　対戦車ミサイル×4基 副武装／7.62mm機関銃×1基＋5.56mm機銃×1基
BMP-3	主武装／100mm低圧滑腔砲（榴弾と対戦車ミサイルが発射可。搭載するミサイルは6発）　＋　30mm機関砲 副武装／7.62mm機関銃×3基

戦車の車体をベースに作られた重装甲兵員輸送車

ナメル
(イスラエル：2008年)

『メルカバ戦車』の車体を使った、現在もっとも重装甲な兵員輸送車で重量は60tもある。このアイデアは元々『メルカバ戦車』がフロントエンジン式で、後部にキャビンスペースがある構造だったため可能になった。

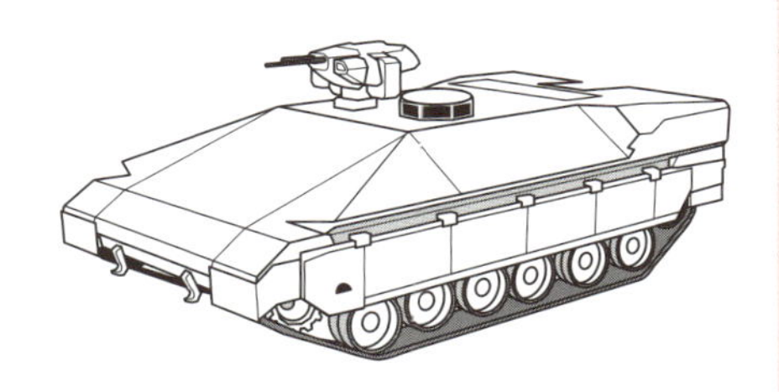

豆知識

●**天敵・対戦車ヘリ対策**→歩兵戦闘車が積む大口径の機関砲は、発射速度が速く、地上目標以外に速度の遅いヘリコプターなども狙える。装甲車両の天敵である対戦車ヘリコプターに反撃することも可能だ。

No.046

兵員輸送車に乗り込む歩兵の装備と編成

歩兵を運ぶ戦闘車両は、歩兵を下車させて戦う。歩兵の基本単位である分隊の編成は国や時代により異なるが、現在の米陸軍は９名編成だ。

●乗員も含めて４０名で編成される現代米陸軍の歩兵小隊

兵員輸送車や歩兵戦闘車は、戦場で歩兵を運ぶことが主任務の車両だ。機械化が進んだ現代戦でも、歩兵は陸軍の中核的存在。例えば戦車には敵を撃破し戦線を突破する能力はあるが、突破したあとのエリアを確保することはできない。最終的にエリア確保を果たすのは、歩兵の力による。

歩兵の編成は国や時代によって異なるが、現在のアメリカ陸軍の編成を例に紹介しよう。歩兵グループの基本単位は分隊と呼ばれ、アメリカ陸軍では9名の歩兵で構成される。その内訳は分隊長1名、射撃班長2名、ライフルマン2名、分隊支援火器手2名、擲弾筒手（てきだんとうしゅ）2名だ。1分隊の歩兵が備える火器装備は**アサルトライフル**7丁（うち**擲弾筒**付き2丁）と**分隊支援軽機関銃**2丁。また歩兵が携帯できる対戦車ミサイルや対戦車ロケット弾を1基備える場合もあり、そのときはライフルマンの1名が担当になる。

現在、アメリカ陸軍で使われている装輪装甲兵員輸送車の『ストライカー』は、2名の乗員と9名の歩兵を収容できる。つまり歩兵1分隊まるごとが車両1台に収容されることになる。分隊の上の単位である小隊には、4台の『ストライカー』が配属され、3個分隊（9名）＋小隊本部（小隊長含め5名）に乗員8名（各2名×4台）を加えた、計40名で構成される。

一方、装軌歩兵戦闘車である『M2ブラッドレー』を装備する部隊は、編成が少々ややこしくなる。なぜならば『M2ブラッドレー』は乗員3名と歩兵7名しか収容できないからだ。ブラッドレーの初期型（歩兵6名収容）が活躍した1980年代は、機械化歩兵分隊として6名の特別編成が組まれていたが、市街地戦などの任務に支障が出るとされ後期型では歩兵7名乗車に改装。現在は1個小隊4両の車両に3個分隊27名の歩兵が分散して乗り組み、小隊長1名と車両乗員12名を加えた、計40名編成が基本となっている。

米陸軍の歩兵小隊の構成

現在の米陸軍の分隊は9名編成
1小隊は3分隊＋αの40名編成が基本

●乗員2名＋歩兵9名を収容できる『ストライカー』の場合

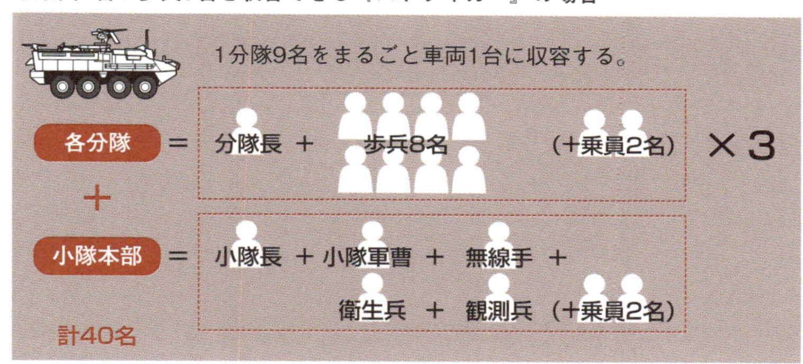

●乗員3名＋7名しか収容できない『M2ブラッドレー』の場合

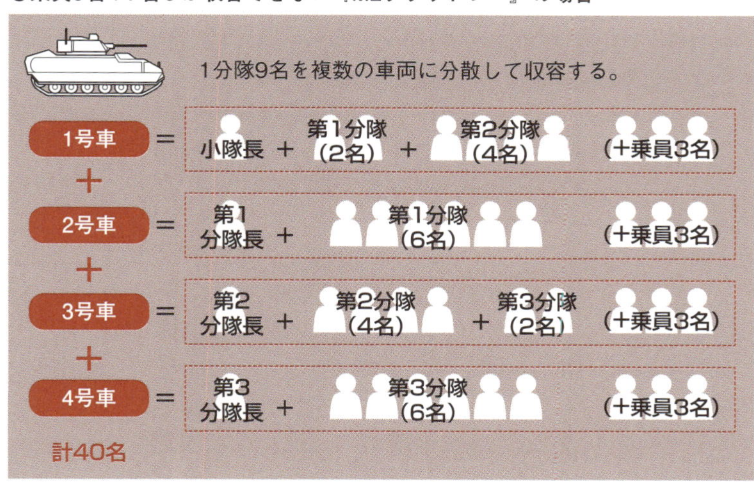

用語解説

●**アサルトライフル**→突撃銃ともいわれる、連射も可能な歩兵用小銃。
●**擲弾筒**→グレネードランチャーともいわれ、炸裂弾を発射する。米軍のM203はライフルの下に付けて使う。
●**分隊支援軽機関銃**→アサルトライフルと同じ弾を使う軽機関銃。

No.047

大砲を引っ張る砲牽引車

重量のある野戦砲を牽引するには、19世紀までは馬が使われていた。やがて自動車が実用化されると、砲と砲兵を運ぶ砲牽引車が登場した。

●自動車の歴史は砲牽引車から始まった

火薬で弾を飛ばす大砲は中世に発明され、威力のある秘密兵器として使われてきた。しかし重量がある兵器であったため、移動することは困難。そこで架台に車輪を付け、人力や馬などで牽引していた。このように移動して野外で使われる大砲は、野戦砲と呼ばれた。1769年に登場した蒸気機関を積んだ初めての自動車は、野戦砲を引くために考案された『キュニョーの砲車』。軍用車両の歴史は、大砲を牽引することから始まったのだ。

第一次大戦の欧州西部戦線では、イギリスやフランス、アメリカといった連合国軍で、農作業用に使われていた車輪式のトラクターや荷物運搬用のトラックを使い重量級の野戦砲を引っ張って移動するようになった。さらに第一次大戦後には、履帯(りたい)を備えた装軌車両で砲を牽引することが試され、やがて野戦砲を牽引するための専用の砲牽引車が開発された。

野戦砲を運用するには、比較的軽量な**榴弾砲**(りゅうだんほう)や**山砲**(さんぽう)で6名、重量級の**カノン砲**では10名以上の人員が必要だった。そこで砲の運用要員をまるごと乗せて、移動することが求められた。また、砲本体だけでなく、砲弾を運ぶ必要もある。そこで砲牽引車は、砲弾を運搬するトレーラーと野戦砲本体を2連結して牽引することが多かった。第二次大戦時には、牽引する砲の大きさや運用方法に合わせ、装輪トラックを改造したもの、半装軌式(ハーフトラック)、装軌式と様々な砲牽引車が使われるようになった。軍の移動速度が速くなり、砲兵も機動力を備えることが必携となったため、砲牽引車は欠かせない車種となったのだ。

現在は、野戦砲が大幅に軽量化した。同時にトラックなどの汎用車両の性能が向上したために、牽引に使われるようになった。そのため専用の砲牽引車は少なくなっている。

初期の砲牽引車両

九二式5t牽引車
（日本：1931年）

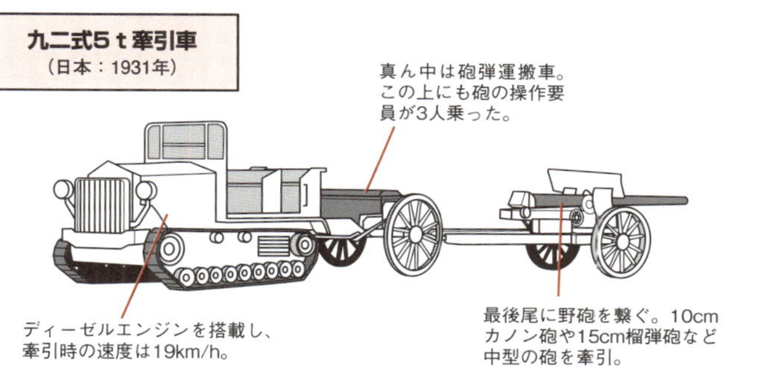

現代の砲牽引車両

中砲けん引車
（日本：1983年）

自衛隊で使っている155mmFH70榴弾砲の牽引車両として7tトラックをベースに開発。砲弾積み降ろし用のクレーンを装備。

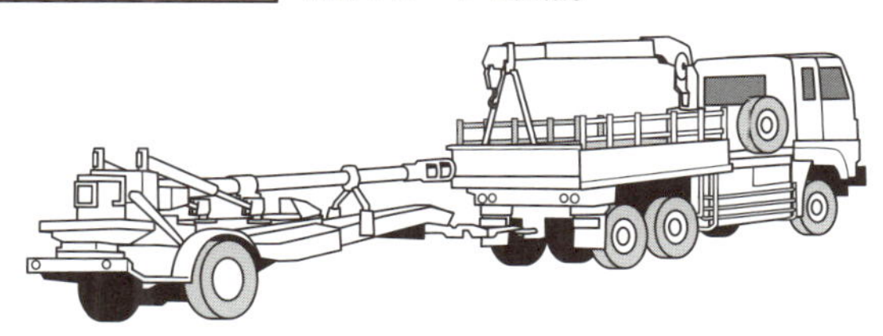

自衛隊から牽引砲が消える?

陸上自衛隊で1983年から使われている155mmFH70榴弾砲の後継として現在開発が進められているのが、『火力戦闘車』と呼ばれる装輪自走砲。大型トラックをベースにした車両に155mm榴弾砲を積み、自走砲化する計画だ。この計画が実現すれば、陸自の装備から牽引式の榴弾砲が大幅に削減されることになるかもしれない。

用語解説

- **榴弾砲**→山なりの弾道で炸裂する砲弾を飛ばす曲射砲。
- **山砲**→75㎜クラスの小口径榴弾砲で、山岳地帯でも分解して運べるように設計された砲。
- **カノン砲**→口径長があり、榴弾砲よりも直線的な弾道で砲弾を飛ばす大砲。高射砲や対戦車砲もカノン砲の一種だ。

No.048

砲兵に機動力を与えた自走砲の誕生

戦車やハーフトラックの車体に野砲などを積んで機動力を与えたのが自走砲。素早く展開できることで、砲兵に新たな戦術をもたらした。

●機動戦を支援する砲兵には機動力が必要だ

自走砲とは、車両に火砲を積んで機動性を与えたもの。積載する火砲の種類によって、自走榴弾砲（りゅうだんほう）、自走迫撃砲、自走対戦車砲、自走対空砲など様々あるが、単に自走砲という場合は自走榴弾砲のことをいうことが多い。

最初の自走砲は、第一次大戦中の1917年に、『マークⅠ戦車』の車体を改造した『ガンキャリアマークⅠ』だ。主に不整地の前線に野砲と砲弾を運ぶために使われたが、砲を車載したままの射撃も可能だった。

その後、第二次大戦になると、戦車隊や機械化歩兵が活躍するようになり、支援を行う砲兵隊も機甲部隊に合わせて移動する機動力が必要となった。そのため各国とも、不整地で行動できる車体に野砲などを搭載した自走砲を数多く登場させた。

特に機動戦を得意としたドイツ軍では、旧式となった戦車や鹵獲（ろかく）した車両の車体をベースにして、様々な種類の自走砲を登場させた。主なものをあげても、105mm榴弾砲を載せた『ヴェスペ』、150mm榴弾砲を載せた『フンメル』、75mm対戦車砲を載せた『マーダー』などがあり、他にも380mmロケット迫撃砲をティーガーⅠ戦車の車体に積んだ『シュトゥルムティーガー』や、ハーフトラックに歩兵支援の75mm砲を搭載した『Sd.kfz.251/9』など、数多く登場した。対するアメリカ軍やイギリス軍でも、戦車やハーフトラックをベースとした自走砲が作られ前線に投入されている。

こういった自走砲の最大の利点は、素早く展開できることにある。牽引砲に比べると、砲撃陣地に到着してから砲撃準備に移るまでの時間は、格段に短縮された。戦車や歩兵が進撃する前方の敵陣に支援砲撃を行い、味方が攻撃点に到達すると砲撃を止めて素早く前進。新たな地点に進出して、再度砲撃を行うといった機動的な使い方が可能になったのだ。

第二次大戦で発展した自走砲

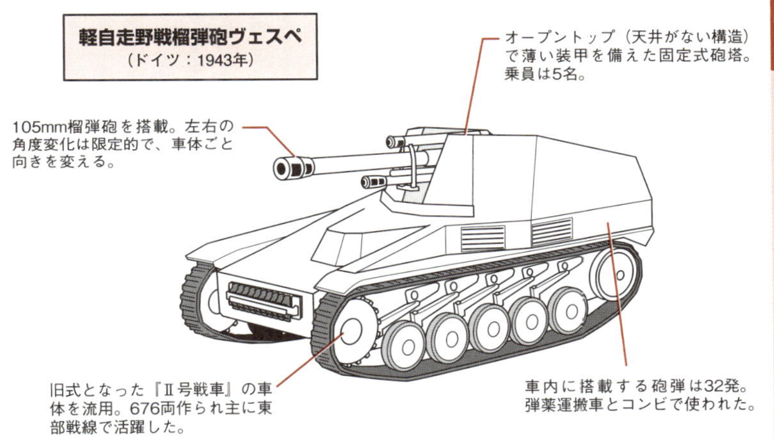

自走砲のメリットとデメリット

○ 自走砲のメリット

① 機動力

自走する装軌式や半装軌式の車体に載せられているため、野外でも機動力が高い。
また戦車や兵員輸送車を主体とした、機甲部隊にも付いていける。

② 砲撃準備が早い

砲撃位置に着いてから、陣地を作る必要がなく、砲の発射準備が早い。

③ 運用要員が少なくてすむ

同程度の牽引砲に比べ、半分程度の人員で操作できる。

④ 防御力が強い

限定的とはいえ装甲が施されており、敵の攻撃から要員をある程度カバーする。

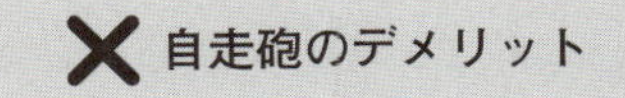

① 高価

牽引砲＋牽引車の組み合わせより、価格が高価。

② 車体が重くなる

車両も含めると重量はそれなりになり、鉄道や船を使った長距離輸送が大変。

豆知識

●**ドイツ軍の超重自走砲カール**→第二次大戦初期にドイツ軍が要塞攻撃のために作った自走臼砲が『カール』だ。臼砲とは射程が短い代わりに巨大な砲弾を発射する砲で、なんと口径60cmや54cm臼砲を搭載。その自重は124tもあった。合計6両が作られた。

No.049

現代の自走榴弾砲

現在の自走榴弾砲は、不整地で移動する機動性と装甲を施した全周砲塔を備え、砲撃の準備や撤収が素早くできるように工夫されている。

●素早く移動し、より遠くから短時間に大量の鉄の雨を降らせる

砲兵は遠距離から敵を砲撃するが、実は砲撃をすることで自分の位置をさらしてしまうことになり、敵の砲兵の反撃を受けてしまう。そこで砲撃を行ったら、素早く撤収して次の攻撃位置に移動し、反撃をかわすことがセオリー。そのためには、自走榴弾砲(りゅうだんほう)が持つ機動性が欠かせないのだ。

こういった砲撃戦に対応するために、現代の自走榴弾砲には共通的なスペックがある。まず、不整地でも素早く移動できる装軌車両であること。次に敵の反撃をくらっても直撃でない限り戦闘力を失わないために、ある程度の装甲が施されていること。さらに砲撃位置に着いて素早く砲撃準備を行うために、360度旋回する全周砲塔を備えていることも重要だ。

ちなみに車両に引かれる牽引砲の場合、到着してから砲撃を開始するまでに、3分以上の時間がかかるといわれている。ところが最新の自走榴弾砲では、到着して砲撃を開始するまでに、1分以下しかかからない。また砲撃を終えて撤収するまでに要する時間もわずかですむ。

搭載される砲は、155mm榴弾砲(ロシアなどは152mm)が標準。1970年代は射程20km程度の39口径砲が多かったが、現在は射程30kmオーバーの長口径砲が主流だ。さらにロケット補助推進を付けた射程延長砲弾を用いれば、50kmを超える長い射程が得られる。また最新の自走砲では、自動装填装置を備え1分間に6～8発もの射撃が可能だ。通常4～5門装備の中隊単位で攻撃するので、1分間に30発前後もの鉄の雨を降らせることができる。

ただし装甲や自動装填装置などを備えたため、自走榴弾砲の車体は大型化し40t以上の重量級になった。そこでより簡易な砲システムを大型トラックの荷台に装備した、軽量な装輪式自走榴弾砲も登場した。装甲は最小限で防御力は劣るが大型輸送機での空輸も可能で緊急展開部隊向きの装備だ。

現代の自走榴弾砲

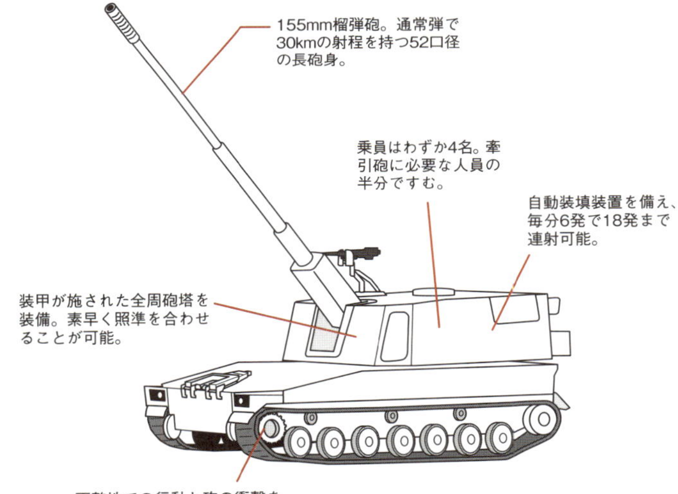

自走榴弾砲の砲撃手順

① 砲撃位置に到着。素早く布陣して、砲撃準備を行う。

② 指揮チームから敵の位置情報を受け取り、砲の照準を合わせる。

③ まず1発試し撃ち。着弾に問題ないか、観測員が確認し連絡。

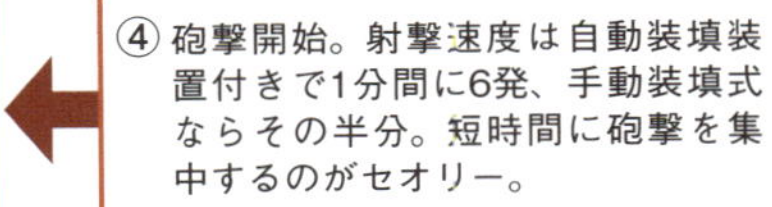

④ 砲撃開始。射撃速度は自動装填装置付きで1分間に6発、手動装填式ならその半分。短時間に砲撃を集中するのがセオリー。

⑤ 砲撃が終了したら反撃を受ける前に即撤収。移動して次の砲撃位置へ移動。砲撃位置に着いてから移動までわずか数分。

豆知識

●**姿を消した105mm自走榴弾砲**→第二次大戦後、榴弾砲の主力は長らく105mm砲であったが、現代では威力や射程が大きい155mm砲に移行した。一時は105mm砲を積んだ自走砲も存在したが、現在では一部の牽引砲が残っているだけで、自走砲としてはその多くが姿を消した。

No.050

砲兵隊を支援する車両

砲兵部隊には、自走砲や牽引砲以外にも、砲撃をサポートする様々な役目を持った車両が所属し、それぞれが連携して砲撃を行う。

●自走砲だけでは成り立たない砲撃部隊

砲兵隊が十分に能力を発揮するには、砲だけ揃えても不十分。砲撃を支援する様々な装備が必要だ。現在の機甲化された砲兵隊には、様々な車両が随伴し攻撃の支援を行っている。

まず、予備の弾薬を積む弾薬運搬車。自走砲には車内に即応分＋アルファの弾薬を搭載しているが、スペースに限りがありせいぜい数回の攻撃で使い果たしてしまう。そこで専用の弾薬運搬車が随伴し、消費した弾薬の補給を行う。例えば自衛隊が現在運用している『99式自走155mm榴弾砲(りゅうだんほう)』専用に、装軌式で随伴できる『99式弾薬給弾車』が開発されている。予備弾薬90発を積み、停止時にベルトコンベアで素早く弾薬補給が可能だ。現在、自衛隊の**特科中隊**は5両の自走砲からなり、1個中隊に1台『99式弾薬給弾車』が配属されている。1門あたり18発の予備弾があることになる。

また現代の砲撃戦では、砲撃を統制する管制システムが重要だ。敵の位置だけでなく気候などの条件を加味して、前線の砲撃部隊に攻撃指示を出すのが役目だ。自衛隊では『野戦特科射撃指揮装置』を大型トラックの荷台に設置して自走化。**特科大隊**(2個特化中隊計10両)ごとに1基装備している。その指令により、1個特科中隊5両単位で連動して砲撃を行う。

さらに敵の砲撃の軌道を捉え、砲の発射位置を割り出す『対砲レーダー』という装備もあり、大型トラックに搭載して運用される。自衛隊が持つ対砲レーダーは、約40km先から発射された敵砲弾を捉え、敵砲兵部隊の砲撃位置を割り出す。この情報を元に『野戦特化射撃指揮装置』が砲撃部隊に反撃指令を出し、精密な砲撃ができる仕組みになっている。

この他、指揮官が搭乗する指揮車両(自衛隊では『82式指揮通信車』を使用)などがあり、それぞれが連携して初めて効果的な砲撃が可能になる。

砲兵隊を支える自衛隊の特殊車両

『99式自走155mm榴弾砲』に弾薬補給する『99式弾薬給弾車』

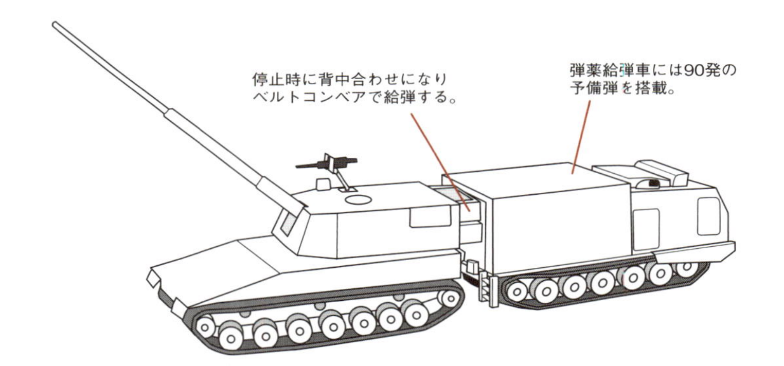

敵の砲撃に反撃を行え!

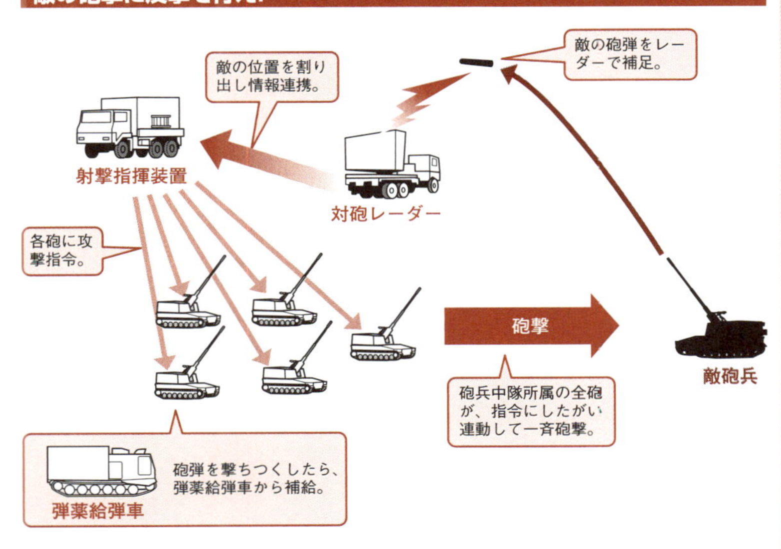

用語解説

●**特科**→日本の自衛隊では、砲兵隊のことを「特科」と呼ぶ。特科中隊は5両の自走砲もしくは牽引砲からなり、2～3個中隊に指揮を執る本部管理中隊で特科大隊を形成する。またこの他に気象状況などを収集する情報中隊が加わることもある。

No.051

歩兵支援の強い味方、自走迫撃砲

現在主流の120mm迫撃砲は、軽量で威力のある支援火力として世界各国で使われている。それを自走化し機動力を与えたのが自走迫撃砲だ。

●頼れる支援火力である迫撃砲を自走化

迫撃砲は高い射角で発射し、山なりの弾道で砲弾を飛ばす曲射砲。砲弾を砲口から落とし入れ地面に発射時の反動を吸収させるため、砲身を後退させる機構がなく、簡易で軽量な構造が特徴だ。小口径のものは分解して歩兵が運べる程度の重量で、命中精度は低いものの面の制圧には大きな力を発揮し、歩兵が扱う支援火力として重宝されてきた。

近年は各国の軍隊で、120mmクラスの重迫撃砲が多く装備されている。一昔前まで使われていた105mm榴弾砲(りゅうだんほう)に比べ、射程は短いが威力は大きく、連射性にも優れるなどの利点が勝るからだ。ただし軽量とはいえそれは榴弾砲に比較しての話であり、このクラスの重迫撃砲は人力で運ぶのは不可能。多くが車両で牽引して使われる。さらに機動力を増すために車両に搭載されたのが自走迫撃砲だ。

1950年代以後、各国で装軌式の自走迫撃砲が開発された。陸上自衛隊でも、1960年に装軌式の『60式装甲車』の車体に81mmまたは107mmの中口径迫撃砲を搭載した『60式自走迫撃砲』を装備。さらに1996年には、120mm重迫撃砲を装軌車両に搭載した『96式自走120mm迫撃砲』を導入している。

また最近は兵員輸送車が装輪化したため、それに追従できる装輪式自走迫撃砲も登場。アメリカでは8輪兵員輸送車『ストライカー』に120mm迫撃砲を積んだファミリー車両を開発し、機動化した歩兵に随伴する支援火力として活用している。この傾向は他国でも多く見られ、陸上自衛隊でも次期装輪装甲車をベースにした自走迫撃砲が構想されている。

またロシアやフィンランドなどでは、装輪装甲車に砲塔式の迫撃砲を装備した自走迫撃砲を開発。後装式の迫撃砲を採用し、弾込め時に操作要員が車外に露出することがなく防御力が高い、新時代の自走迫撃砲だ。

自走迫撃砲が生まれた理由

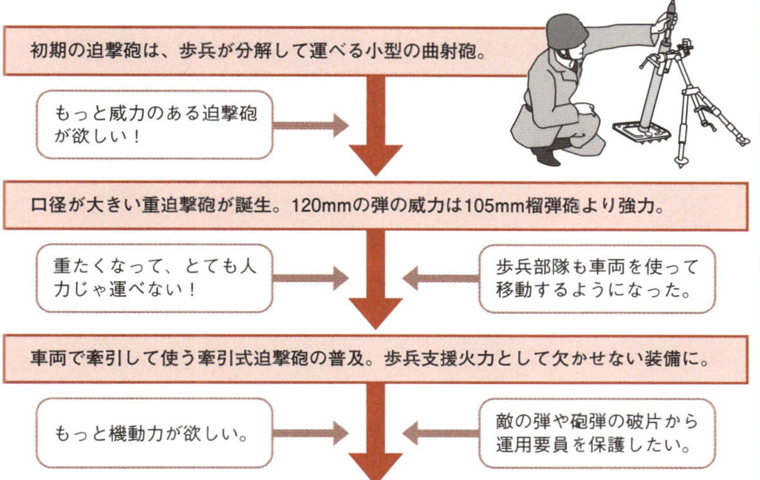

装軌式の自走迫撃砲

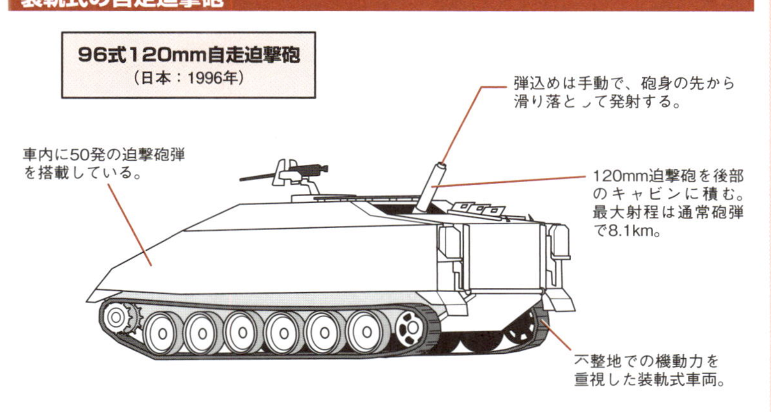

豆知識

●**消え行く105mm榴弾砲**→第二次大戦以降、主力火砲として世界各国で使われた105mm榴弾砲だが、120mm重迫撃砲の普及で姿を消しつつある。120mm重迫撃砲のほうが重量が1/3ですむ上に砲弾の威力は大きいからだ。射程が短かいというデメリット以上に、軽便性のメリットが勝った結果だ。

No.052

戦車を撃破するために進化した自走対戦車砲

戦車を撃破するための対戦車砲を車両に載せ機動性を与えたのが、自走対戦車砲。現代では対戦車ミサイル搭載車がその役割を担っている。

●戦車の発展にしたがって強化された自走対戦車砲

第一次大戦で生まれた戦車は、すぐに陸戦の主役となったが、その戦車を撃破するための装備として対戦車砲が誕生した。初期の対戦車砲は、口径20～50mm程度の高初速砲から徹甲弾(てっこうだん)を発射して、戦車の装甲を撃ち抜いた。第二次大戦に入り、対戦車砲をトラックの荷台や旧式戦車の車体に設置して機動力を与えたのが、自走対戦車砲の始まりだ。ただし自身は装甲が薄く脆弱なため、敵戦車の通り道に潜んで、待ち伏せで狙い撃った。

やがて戦車の装甲が厚くなり従来の小口径対戦車砲では撃破できなくなり、大戦中期以降は75～90mmクラスの長砲身カノン砲が対戦車砲として使われるようになった。このクラスの砲は、重量があり発射の反動が大きく、トラックなどの装輪車両に載せるには無理が生じる。そこで戦車の車体をベースに、より強力な対戦車砲を載せた自走対戦車砲が登場した。

その後ドイツ軍では、固定式砲塔に強力な対戦車砲を積んだ駆逐戦車に発展。一方アメリカ軍は主力であった『M4戦車』の車体に、強力な対戦車砲を積む代わりに天井のないオープントップの回転砲塔にした駆逐戦車(タンクデストロイヤー)を開発し、対戦車戦闘に投入した。これらの車両は装甲もそれなりに厚く、敵戦車と真正面で向き合い戦うことも少なくなかった。

戦後になると、爆発で生じたメタルジェットで装甲を破壊する成形炸薬弾(せいけいさくやくだん)が多く使われるようになった。砲弾の速度が遅くても効果があり、通常のカノン砲以外にも砲身の厚みが薄く比較的軽量な低反動砲や**無反動砲、**対戦車ミサイルの弾頭としても使われた。1950年代には無反動砲を装備した自走対戦車砲がアメリカで登場。その後陸上自衛隊が初の装軌車両として開発した『60式無反動自走砲』には、2門の106mm無反動砲が積まれた。しかし対戦車ミサイルの普及で、自走対戦車砲はほとんど姿を消した。

自走対戦車砲の進化と衰退

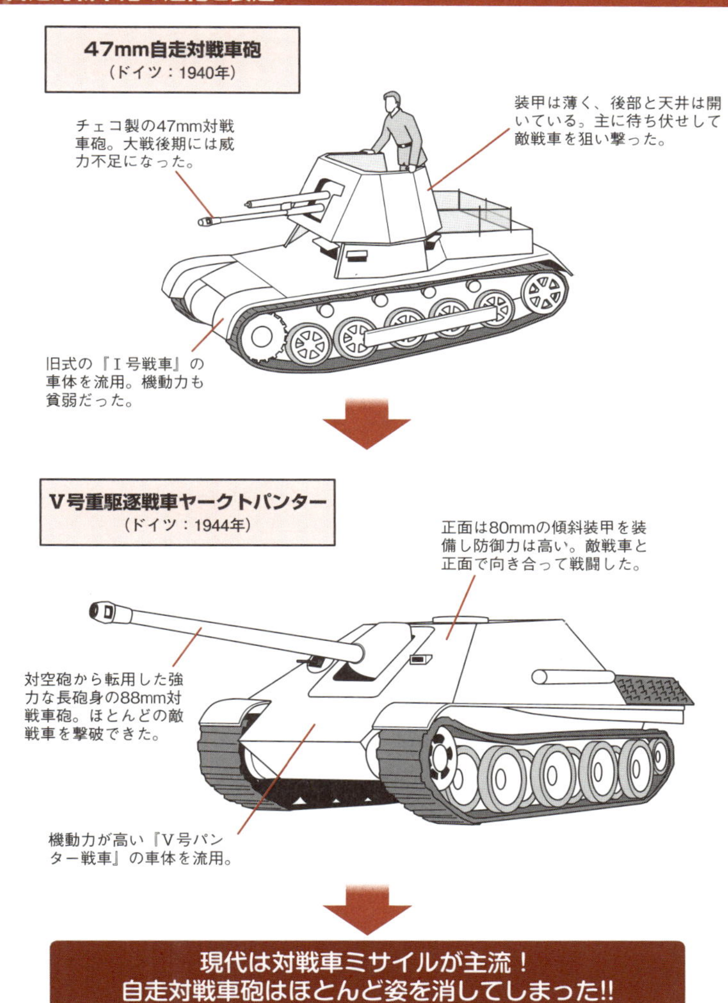

用語解説

●**無反動砲**→砲の後部から発射ガスを噴出することで発射の反動を打ち消した直射砲。砲身にかかる圧力が低いので比較的軽量に作れる。成形炸薬弾頭を備え対戦車砲として使われたが、現在はロケット砲やミサイルに置き換わられて、姿を消しつつある。

No.053

ミサイルで撃破する現代の対戦車車両

対戦車ミサイルは、現代の対戦車車両の主要武器だ。小型の汎用車両や装甲車に対戦車ミサイルを装備した車両が、各国で活躍している。

●対戦車砲の座を奪った、対戦車ミサイル

戦車が陸戦の主力となった第二次大戦時、分厚い装甲の戦車に歩兵が対抗する手段として、成形炸薬弾(せいけいさくやくだん)を簡易な**ロケット弾**の弾頭として飛ばす、対戦車ロケット弾が開発された。ただしこの時代のロケット弾は無誘導で、至近距離から狙わないとなかなか戦車に命中しなかった。

第二次大戦中に、ロケット弾を誘導する技術をドイツ軍が研究し、**ミサイル(誘導弾)**が誕生した。その技術は戦後に各国で実現され、特に対戦車戦闘用に開発されたものを、対戦車ミサイル(ATM = Anti Tank Missile)と呼ぶ。対戦車ミサイルが最初に実用化されたのは、1955年にフランスが開発した『SS-10』だ。ワイヤーによる有線誘導式で、最大射程は約1600m。1956年の第二次中東戦争で、このミサイルを導入したイスラエル軍がエジプト軍の戦車を攻撃したのが、初の実戦使用とされる。

その後、欧米やソ連、日本など各国で、対戦車ミサイルの開発が進んだ。現在、もっとも普及しているアメリカの『TOW(トウ)』は、射程が3750mあり、従来の対戦車砲に代わって対戦車戦闘で使われるようになった。

対戦車ミサイルは、比較的小型で歩兵が携行できるタイプと、やや大型で射程が長く威力も大きいタイプに分かれて発展した。後者は、ランチャーを地上に設置するか、車両に搭載して運用されている。

初期の対戦車ミサイル車両は、それまでの自走対戦車砲の砲に置き換えて、対戦車ミサイルを搭載した。その後、小型の汎用車両や装輪装甲車にランチャーを設置し、簡易な対戦車車両として数多く装備されている。また歩兵戦闘車の副武装として搭載することで、歩兵戦闘車にも対戦車戦闘能力を持たせることができるようになった。その他、対戦車ヘリコプターに積まれ軍用車両を狙う強力な天敵ともなっている(No.096参照)。

対戦車ミサイルの能力

TOWミサイル
（アメリカ）

ロケットモーター部。
最大射程は3750m。

成形炸薬弾の弾頭部。装
甲貫通能力は700mm以上。

後部から極細のワイヤー
を伸ばし有線誘導を行う。

○ 対戦車ミサイルのメリット

- 戦車の正面装甲以外なら、撃破可能な威力。
- 長い射程と、狙いが正確な誘導装置で遠くから攻撃可能。
- ランチャーが軽量のため、小型車両にも積める。

× 対戦車ミサイルのデメリット

- 飛翔速度が砲弾より遅いので、発見されると回避されることもある。
- ミサイル誘導中に砲撃で反撃されると弱い。
- 砲と違い連射ができないので、外れた場合に再攻撃が難しい。

現代の対戦車ミサイル車両

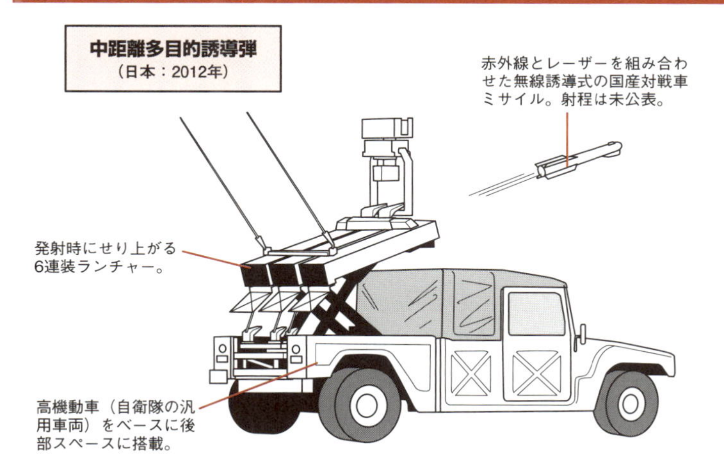

用語解説

●**ロケット弾とミサイルの違い→**ロケット弾は、推進剤を噴射するロケットエンジンで飛ぶ弾体のこと。このロケット弾に誘導装置を付けて飛翔軌道を変えられる誘導弾を、特にミサイルと呼んで区別することが多い。ただし国によっては混同して呼んでいる場合もある。

No.054

広いエリアを制圧する自走多連装ロケット

ロケット弾を大量にばら撒く多連装ロケットは第二次大戦から使われたが、現代のMLRSはその威力の大きさから砲兵隊の主力となった。

●命中率の悪さを逆手に取り、同時攻撃でエリアを制圧

ロケット弾の歴史は古く、13世紀の中国で使われた火箭(かせん)(矢にロケット花火を組み合わせたようなもの)などが、その原型ともいえる。その後、大砲の発達で一時廃れたが、第二次大戦では再び使われるようになった。

ロケット弾の利点は、砲に比べて大きい弾を簡易なランチャーで飛ばすことができること。そこで、大口径で炸薬を多く詰めた威力の大きい大型のロケット弾が登場した。一方で小型のロケット弾を同時に多数発射して広範囲を制圧する多連装ロケットも使われた。

多連装ロケットはロケット弾の効果を知らしめた。誘導装置がなく発射したら撃ちっぱなしのロケット弾は、もともと命中精度は低い。狙っても着弾するエリアは大砲よりかなり広い範囲に散らばる。しかしその特性を逆手に取り、同時に多数発射することにより、一定のエリアに弾頭をばら撒いて制圧するという理屈だ。特にソ連軍が使った『カチューシャ』と呼ばれた多連装ロケットの活躍は目覚ましかった。16～36発ものロケット弾を次々発射して一定のエリアを制圧。ドイツ兵に「スターリンのオルガン」(ロケット弾の飛ぶ音がオルガンの音に似ていた)と恐れられた。

戦後も各国で多連装ロケットは使われたが、その概念を変えた兵器が、1982年に登場したアメリカのMLRS(Multiple Launch Rocket System)だ。ランチャーには、最大12発のM26ロケット弾が積まれる。M26ロケット弾は32kmの射程を持ち無誘導のロケット弾としては精度が高い。内蔵した644個の小型爆弾を敵の頭上にばら撒く**クラスター弾**で、1発で200m^{2}のエリアを制圧できる。また射程130km以上の大型誘導対地ミサイルを2発積むことも可能。こちらは500m^{2}を制圧する威力を持つ。従来の多連装ロケットは砲兵隊の補助的な扱いだったが、MLRSは砲兵隊の主力兵器として君臨する。

エリアを制圧する多連装ロケットとは?

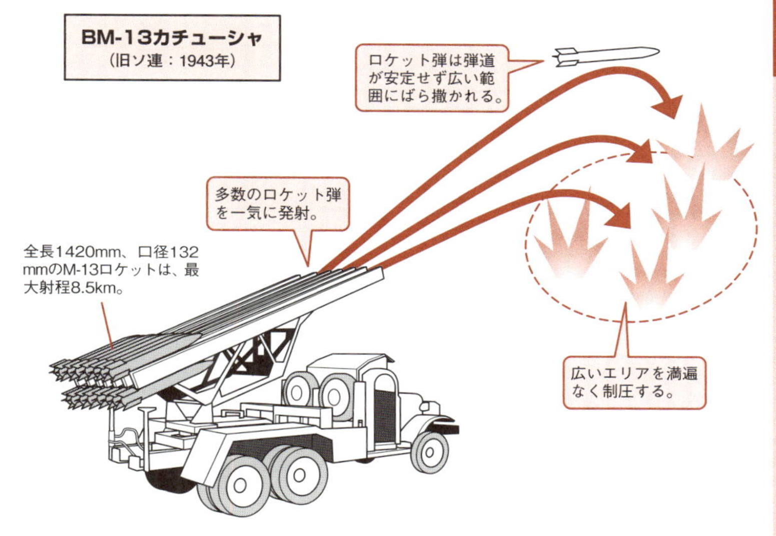

現在の自走多連装ロケット

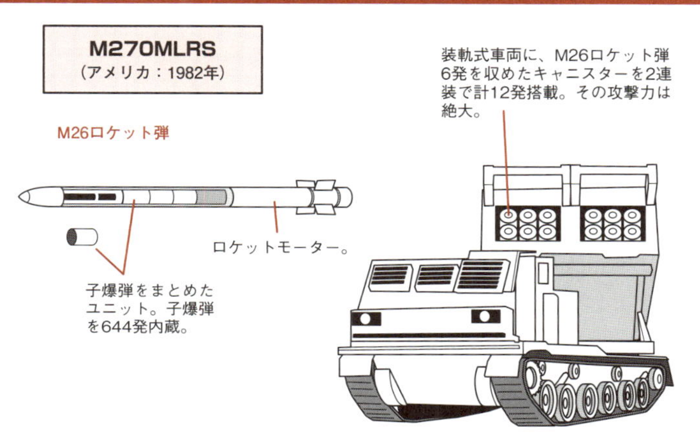

用語解説

●**クラスター弾**→多数の小型爆弾を内蔵しており、別名集束爆弾とか親子爆弾とも呼ばれる。1発で広い面積を制圧できるが、子弾の不発弾による事故が相次ぎ2008年にクラスター爆弾禁止条約が締結。日本も批准している。ただしアメリカやロシア、中国、韓国、北朝鮮などは批准していない。

No.055

弾道ミサイルのプラットホーム

究極の攻撃兵器といわれる弾道ミサイルには、移動する車両に積まれて発射されるタイプもある。敵国からすれば非常にやっかいな存在だ。

●弾道ミサイルを搭載し、垂直発射するTEL

数百kmから数千kmの射程を持ち、遠距離から敵を攻撃する**弾道ミサイル**。高空から急角度で再突入するため、防御側は迎撃が非常に困難だ。弾道ミサイルには、サイロ(ミサイル発射施設)から発射する固定式のものや潜水艦発射式の他に、移動する大型の車両から発射される車両運搬式がある。

その代表的なものが、旧ソ連が1950年代に開発した短距離弾道ミサイルの『スカッド』シリーズで、旧東側世界の国々を中心に広く使われている。北朝鮮は、『スカッド』の他にその発展型で射程の長い『ノドン』を配備。その他、中国やインド、パキスタン、イランも、『スカッド』の技術をベースに開発した車両運搬式の弾道ミサイルを配備している。その大半は通常型弾頭だが、一部は核弾頭装備のものもあるとされる。

このような地上発射型の弾道ミサイルを運搬し発射する専用車両は、TEL(Transporter Erector Launcher)と呼ばれ、直訳すると輸送起立発射機となる。大型のミサイルを積むため多くのタイヤを備えた大型車両をベースにしている。スカッドシリーズのTELは8輪車だが、ミサイルが大型化すれば車両も大きくなり、北朝鮮の『ノドン』は10輪車、2012年に明らかになった同国の新型ミサイルは、なんと16輪の車両に積まれていた。またイランの『シャハブ』は、トレーラー式の発射機を牽引している。

弾道ミサイルを搭載したTELは、普段は地下壕や**バンカー**などに隠されており、発射時のみ移動して現れるため、敵からは事前に捕捉されにくい。大型車両だが、道路上なら60km/h程度の速度で走行が可能だ。発射時には車体を固定し、弾道ミサイルは車両後部で垂直に起立する。『スカッド』は液体燃料式で、垂直に立ててから燃料を注入するため(TELには燃料注入装置も備わる)、発射準備には約1時間程度かかる。

弾道ミサイル運搬車両

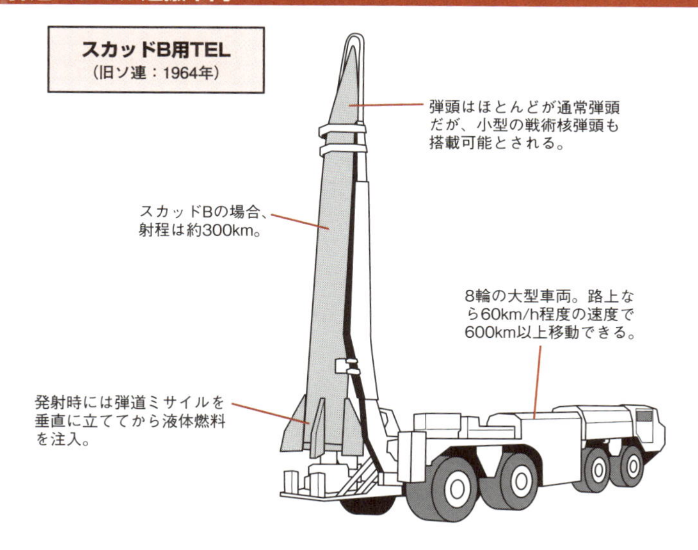

敵から捕捉されにくいTEL式のスカッド

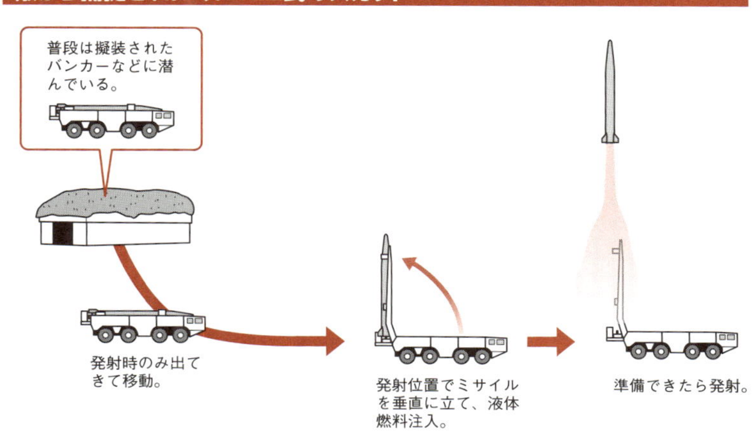

用語解説

●**弾道ミサイル**→高度数10kmから100km以上まで打ち上げ、大気圏外から再突入して地上の目標を狙う大型ミサイル。射程数100km程度の短距離弾道弾から、射程6000km以上の大陸間弾道弾（ICBM）まである。
●**バンカー**→航空機などを敵の攻撃から守るコンクリート製の掩体壕。

No.056

天敵・航空機に機関砲で対抗する自走対空砲

空から襲いくる攻撃機に対抗すべく開発されたのが、自走対空砲。不整地走行性能の高い戦車の車体に高初速の機関砲を積んで攻撃した。

●戦車の車体に対空機関砲を搭載

軍用車両の天敵のひとつが空から襲ってくる攻撃機。戦車などの装甲車両でも、上面装甲は薄いため爆弾や機銃弾で簡単に撃破される。第二次大戦以後、多くの戦車や軍用車両が攻撃機の餌食になってきた(No.096参照)。

その対抗策として用いられたのが機関銃や機関砲。飛来する敵機に向けて地上から撃ち返した。多くの車両に対空機銃が据え付けられるようになり、やがて対空戦闘専門の自走対空砲へと発展した。

もっとも早く自走対空砲を実戦配備したのは、大戦初期に急降下爆撃機の襲撃に悩まされたイギリス軍だ。『Mk.V軽戦車』の車体に7.92mm機関銃4丁を上向きに積んだ対空型を1942年に開発し、北アフリカ戦線で使用した。アメリカは『M3ハーフトラック』の荷台に37mm機関砲と12.7mm機関銃を積んだ『M15A1』を1943年に投入する。一方でドイツも同時期にハーフトラック搭載の自走対空砲を登場させた。さらに不整地走行性能の高い『Ⅳ号戦車』の車体に、20～37mm機関砲を搭載した自走対空砲を開発。英米も戦車の車体を流用した自走対空砲を次々と投入していく。

自走対空砲は戦後も長く使われたが、1965年に画期的な進化がもたらされる。それまでは目視照準だったのだが、レーダーを装備して、射撃統制装置により4門の23mm機関砲が敵機を追尾する旧ソ連の『シルカ』が登場した。これに刺激され西側諸国もレーダー追尾式の自走対空砲を開発。射程3500mの35mm機関砲2門を積んだドイツの『ゲパルト』などが各国で装備され、低空侵入する対地攻撃機や戦闘ヘリコプターを相手に奮闘した。

しかし攻撃機が空対地ミサイルや誘導爆弾を使って機関砲の射程外の高度や距離から攻撃してくるようになり、航空機に対する機関砲の威力は薄れつつある。現在の対空戦闘は、自走対空ミサイルが主役に代わった。

新旧ドイツの自走対空砲の進化

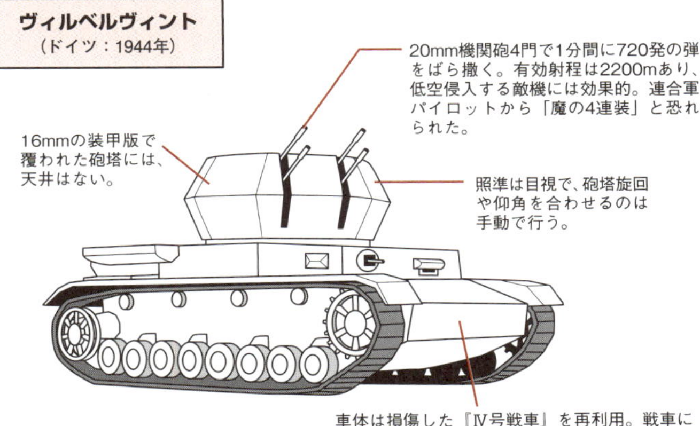

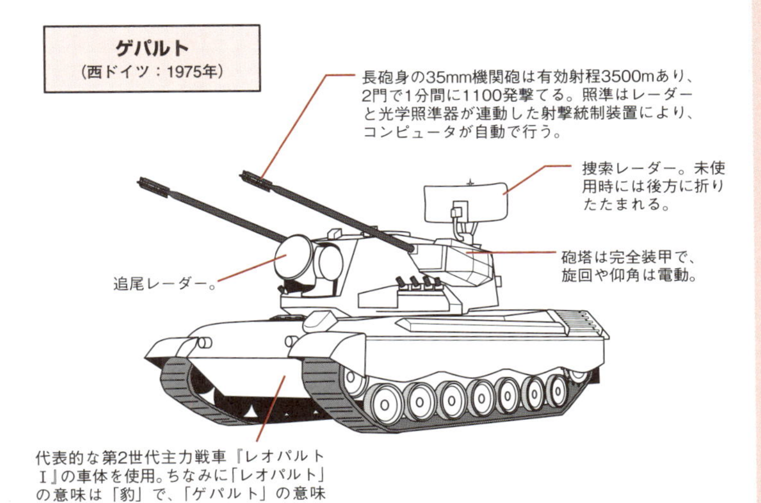

豆知識

●**日本の自走対空砲→**旧日本陸軍では、1938年ごろから研究が始まり、太平洋戦争開戦間近の1941年には装軌車両に20mm対空機関砲2門を積んだ試作車を完成させたが、量産には至らず試作で終わった。現在の陸上自衛隊は35mm機関砲2門を積んだ『87式自走高射機関砲』を装備している。

No.057

航空機を迎え撃つ矢・自走地対空ミサイル

第二次大戦後に急激な発展を遂げた誘導ミサイルは、防空システムを大きく変えた。車両に搭載した地対空ミサイルが防空の主役になった。

●機関砲より精度が高い地対空ミサイルシステム

航空機が台頭した第二次大戦後に新たな防空システムの開発が各国で始まり、大戦時にドイツが生み出した誘導ミサイル技術が注目されるようになった。特に高高度から侵入するアメリカの戦略爆撃機に対抗するために、旧ソ連では早くから高度1万m以上に届く地対空ミサイルを開発した。

1960年代に入ると様々な地対空ミサイルが生まれ、大きく3種類にカテゴライズされる。高高度迎撃が可能な「高・中高度地対空ミサイル」、**有効射程**が5000～1万m、**有効射高**が3000～6000m程度の「短距離地対空ミサイル」、そして人が肩に乗せて発射できる「近距離地対空ミサイル」(携帯式防空ミサイルとも。有効射程5000m前後、有効射高4000m前後)が登場した。誘導方式は、近距離地対空ミサイルは赤外線誘導方式、それ以外はレーダー誘導や、赤外線とレーダーの混合方式が使われている。

それまで機関砲を武器とする自走対空砲がメインだった移動式の防空システムにも、1970年代から地対空ミサイルが導入されるようになった。短距離地対空ミサイルを戦車や装甲車の車体に積み、機関砲の射程外の航空機にも対処できるようになる。

さらに1980年代以降は、近距離地対空ミサイルを使った防空システムが登場。それまで自走対空砲が担っていたレンジ(範囲)もカバーするようになった。4～8発程度を収めたランチャーは、小型の装輪汎用車両にも搭載可能で、軽便に使える防空システムとして重宝されている。

一方で高・中高度地対空ミサイルでは、ミサイルそのものの能力が向上したため、誘導装置や索敵装置が複雑化。それぞれのシステムとランチャーを分割して数台のトラックやトレーラーなどに搭載。複数の車両でユニットを形成するようになった。こちらは主に拠点防衛などに使われている。

自走地対空ミサイル

ローランドⅡ対空ミサイルシステム
(西ドイツ/フランス:1977年)

有効射程6300m有効射高5000mの短距離離地対空ミサイル。レーダー誘導方式。

車体は、西ドイツ製は『マーダー歩兵戦闘車』ベース(イラスト)、フランス製は『AMX30戦車』ベース。大型装輪トラックに搭載されることもある。

防空システムのカバーエリアの目安

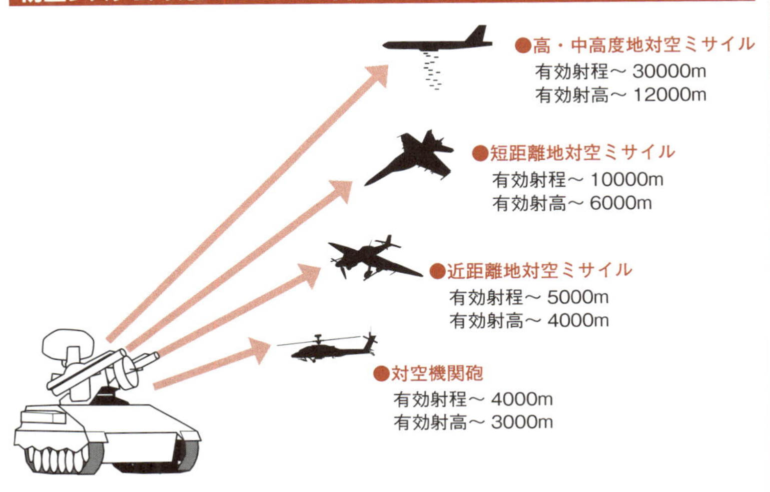

用語解説

●**有効射程**→高い命中率が期待できる有効的な距離。能力ギリギリの最大射程では命中率は極端に低下してしまう。

●**有効射高**→有効的な高度。重力に抗って飛ぶ分だけ有効射程よりも高さは短くなり、6〜7割程度の距離が普通だ。

No.058

偵察車両が重武装なわけ

あえて敵前に侵入して攻撃を加えることで、敵の位置や勢力を知るのが威力偵察。その任務には軽戦車や専用の装甲車が使われている。

●威力偵察を行うために武装と装甲を備えた車両

偵察というと、隠密裏に行動し敵の有無や位置・地形を探るイメージが強いが、必ずしも隠れてばかりではない。軍隊でしばしば行われるのが、「威力偵察」と呼ばれる強引な手法だ。強行偵察とも称されるが、敵がいることを前提として小規模な攻撃を加えることで、その反応から敵の位置や規模を探ることだ。当然ながら反撃をくらい、撃破される危険性もある。

この威力偵察は、古くは騎兵がその任務を担っていた。第二次大戦時には軽快な機動性とそれなりの武装や装甲を備えた軽戦車や装甲車が用いられた。アメリカの軽戦車『M3スチュアート』や『M24チャーフィー』、ドイツの『8輪装甲偵察車』などが代表格で、偵察任務で活躍した。戦後もその傾向は続き、87km/hの高速を出すイギリスの軽戦車『スコーピオン』や、旧ソ連の水陸両用軽戦車『PT-76』などは、偵察を重視し開発された。

戦後には偵察専用の装輪装甲車も登場した。西ドイツの『ルクス』、スペインの『VEC』、そして日本の『87式偵察警戒車』などがこのカテゴリーに入る。軽快な機動性とある程度の不整地走行も考慮した車体に、20～25mmクラスのそれなりの威力を持つ機関砲などの武装、機銃弾程度なら耐えられる装甲を備える。また周辺の情報を収集するためのセンサーも備え、威力偵察に力を発揮する仕様だ。この他、より強力な武装を積んだ装輪戦車(No.039参照)が、威力偵察の任につくこともある。

しかし21世紀に入り、無人偵察機の導入などで、偵察車両のあり方も見直されつつある。撃破される危険性の高い威力偵察には、人命重視の今ではより重装甲の主力戦車などが当てられることが多い。そこで今後配備が予定される偵察車両には、装輪装甲車両に**偵察用のセンサー**や高度通信機能などを追加した、情報収集に重きを置いた車両が主流となりそうだ。

現代の偵察車両

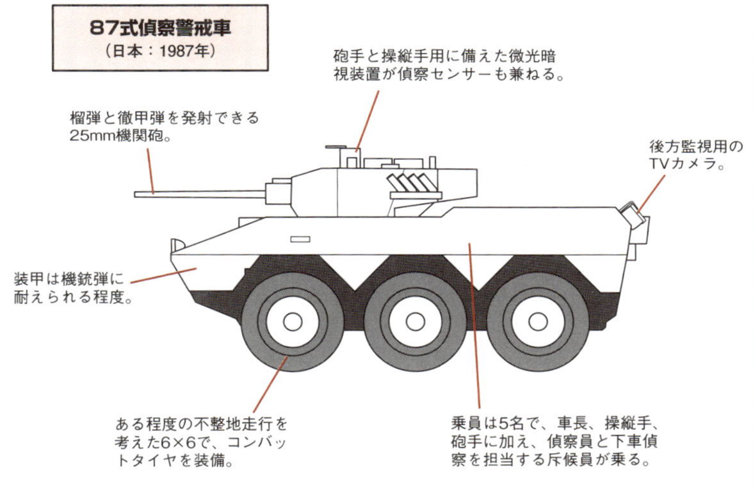

威力偵察とは何か

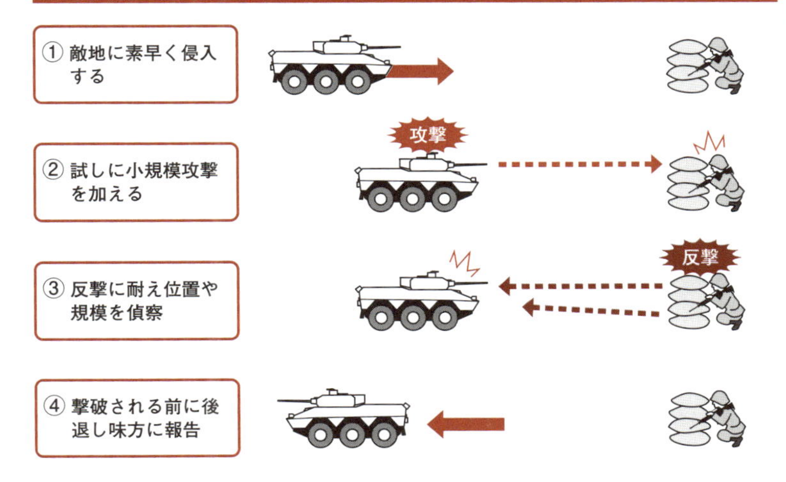

豆知識

●**偵察用のセンサー**→可視光と赤外線の両方に対応した画像監視装置や、わずかな光でも見える抵光量カメラ（暗視装置）、レーザー測遠機などの光学センサーを複合した装置。さらに対地対人レーダーなどが組み合わされ、敵の位置や規模などを探る。

No.059

部隊指揮官が使う指揮通信車両

部隊の指揮官が有効な指揮を執るには、強化した通信手段が欠かせない。また作戦を練るために余裕のあるスペースの確保も重要だ。

●指揮を執るために通信機能を強化した車両

部隊を勝利に導くには、優秀な指揮官が的確な作戦指揮を行うことが重要だ。また作戦指揮には情報収集や命令伝達が大切で、そのためには通信手段が不可欠。戦場での無線通信が普及した第二次大戦のころから、無線通信機能を強化して移動司令部の機能を備えた指揮通信車両が登場し、部隊の指揮官に使われた。

イギリス軍の『AEC装甲指揮車』は箱型の4輪駆動車で、立って歩ける広いキャビンを備え、快適さからロンドンの高級ホテル「ドーチェスター」の愛称で親しまれた。どちらかといえば移動司令部といった車両だ。

一方、戦闘部隊とともに移動する猛将タイプの指揮官は、部隊に追随できる車両に通信機能を強化した車両を使った。その中でも著名なのが、ドイツアフリカ軍団を率いたエルヴィン・ロンメルが愛用した『Sd.kfz. 250/3』だ。装甲偵察車として開発されたハーフトラックに強化した通信機能を載せた無線指揮車で、ロンメルが車両から半身を出して指揮を執る写真が有名。彼はこの車両で部隊に随伴しながら戦闘指揮を行った。ロンメルの乗車には特に彼が好んだ「グライフ」の愛称が付けられている。

また戦車部隊などの指揮官は、自らも戦闘行動を行いながら指揮を執るケースも多い。そこで部隊で使う戦車に通信機能を強化したものが指揮車両として使われることもあった。現在でも部隊に随伴できる兵員輸送車や歩兵戦闘車、戦車といった車両が指揮車両のベースに使われる。

そんな中で異色なのが、1982年から陸上自衛隊が配備した『82式指揮通信車』だ。専用設計された6輪駆動車で、各種通信器が備えられている。後部には6名の指揮通信要員が活動しやすいように、1段背が高くなったキャビンが作られているのが特徴だ。231両が製造され現在も使われている。

砂漠の狐・名将ロンメルが愛用した無線指揮車

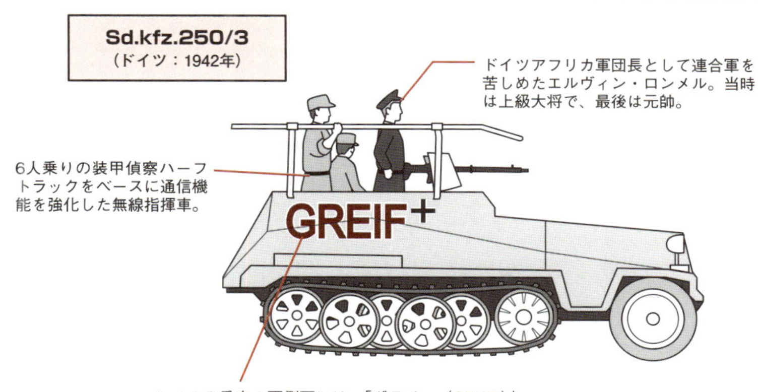

ロンメルの愛車の両側面には、「グライフ（GREIF）」と愛称がマーキングされていた。ただし正式な名称ではない。ちなみにグライフはギリシャ神話に登場する想像上の生き物。

指揮専用に作られた自衛隊の車両

82式指揮通信車
（日本：1982年）

指揮車両として専用に開発された6輪装甲車『87式偵察警戒車』と、車体の基本設計は共通している。

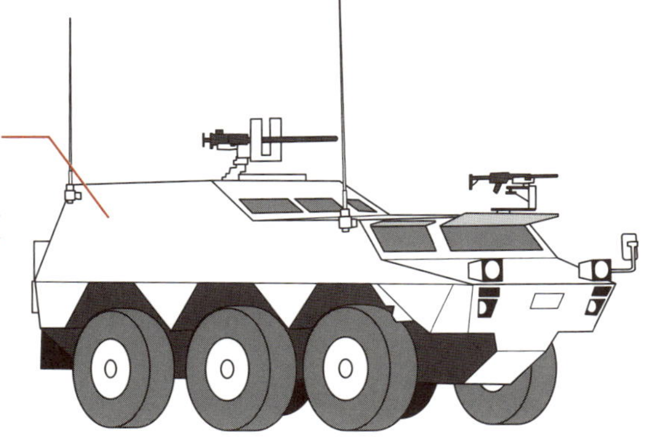

豆知識

●**米軍の戦闘指揮システム**→戦後の米軍も、『M113』の後部天井を高くした戦闘指揮車『M577コマンドポスト』を開発。1995年には、車両だけでなく歩兵部隊もカバーする戦闘指揮システムを開発。コンパクトな端末にまとめ汎用車両や装輪装甲車などに装備して、指揮車両に使っている。

No.060

上陸作戦で使われる米海兵隊の揚陸車両

アメリカは太平洋の島嶼部で上陸作戦を行うために、専用の揚陸車両を開発した。その後継車両は現在も海兵隊の主力として活躍している。

●太平洋の島嶼で活躍したアメリカのLVT

第二次大戦で、太平洋と大西洋の2つの海を隔てたエリアでの戦争を行ったアメリカ軍は、早くから上陸作戦のあり方を研究し水陸両用の揚陸車両を開発。1940年には『LVT-1アリゲーター』を完成させ、配備した。

『LVT』は、車両に水上走行機能を付け加えたのではなく、基本構造は海軍の小型上陸用舟艇に履帯(りたい)を備えたもの。岸際の浅い海でもつかえることなく行動し浜辺に直接上陸でき、さらに上陸後の陸上走行も可能だ。元々が舟艇構造を基本としているため、波のある海でも使用が可能な構造になっている。水掻き状の突起が付いた履帯の回転で水上での推進力を得ており、時速10km/hで航行可能。一方上陸してからの走行速度は19km/h。積載量は最大2tで、乗員2名以外に18名の兵士を搭載できた。

このLVTシリーズは、主に太平洋の島嶼戦での上陸作戦に投入された。1942年のガダルカナル島が初陣だ。以後、積載量の拡大や陸上走行性能の向上などの改良を加えて進化しながら、南太平洋やアリューシャン列島、そして沖縄と太平洋の激戦地で活躍。「アムトラック」の通称で親しまれた。また歩兵支援用の砲を積んだ通称「アムタンク」も使われた。

戦後も、さらに大型化し陸上走行性能を充実した『LVTP-5』が開発され、朝鮮戦争やベトナム戦争で使われた。その後継モデルとして1970年に登場したのが、『LVTP-7』。大きく変わったのは、水上航行の推進力にウォータージェットを採用したことで、航行速度は13km/hに引き上げられた。

また陸上走行性能も70km/h以上となり、乗員3名と兵員25名を運ぶ大型兵員輸送車としても使われている。1985年にはマイナー改良タイプが『AAV-7』と名前を変えて現在も米海兵隊の主力車両として装備されている。また米軍以外にも8カ国で使われ、日本の自衛隊にも試験車両が導入された。

揚陸作戦で使われる水陸両用兵員輸送車

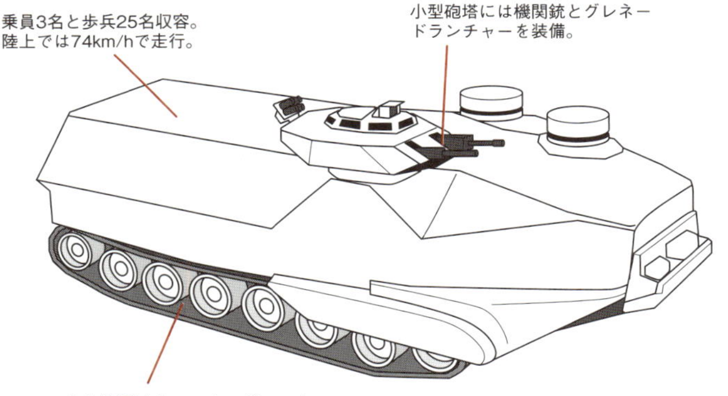

現代の米海兵隊の上陸作戦の輸送手段

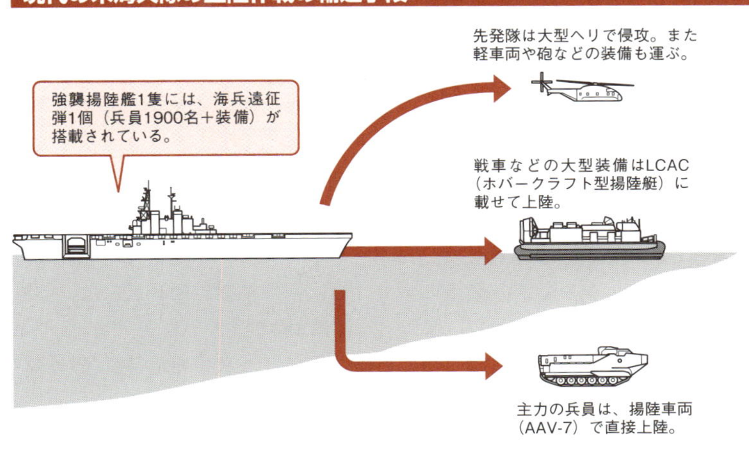

豆知識

●**D-dayで活躍しなかったLVT**→第二次大戦でもっとも大規模な上陸作戦であるノルマンディでは、LVTはあまり活躍しなかった。ノルマンディの海岸は遠浅だが上陸舟艇が直接着けられる地形のため、LVTは必ずしも必要なく、岩礁やサンゴ礁の多い太平洋島嶼部に優先的に投入されたためだ。

No.061

ちょっと珍妙な水陸両用車両

水陸両用車両にはいろいろなアイデアが考案された。戦車を浮かす工夫と、機雷を設置する車両の、ちょっと珍妙なアイデアを紹介しよう。

●戦車を水に浮かす工夫

上陸作戦では、戦車のような強力な砲を備えた車両を投入し、歩兵の支援を行いたいのだが、重量があるためなかなか難しい。そこでアメリカでは、『M4シャーマン中戦車』に折りたたみ式の防水布のスクリーンを付けて展開し、浮力を得る工夫を施した『DDシャーマン』を開発した。DDとはDuplex Drive(二重駆動)のことで、履帯(りたい)の回転に連動したスクリューが2基付けられ、海上を7km/hで航行できた。

1944年6月のノルマンディ上陸作戦では、数多くのDDシャーマンが参加し、一部は数100m沖から発艦し無事上陸に成功して活躍した。しかしもっとも激戦が繰り広げられたオバマビーチでは、発艦距離が海岸から約5kmと想定より遠く、おまけに波高が2mと高かったため(DD戦車の想定は約30cm)、多くが途中で水没し失われてしまった。

その後も小規模な上陸作戦やライン川の渡河作戦で、DD戦車が投入された。しかし戦後になり戦車の重量化が進んだ結果、姿を消した。

●海岸線に地雷をばら撒く特殊車両

現在、日本の自衛隊が装備している『94式水際地雷施設装置』は、世界にも類を見ない特異な車両だ。船型の車体に4輪のタイヤを付けた、トラックと舟艇の合いの子のような外見。車体の後部には水際地雷(機雷の一種)の投下器を備えている。2基のスクリューで海上を11km/hで航行する。

この車両の使い方は、海岸線沿いに航行しながら後部に積んだ水際地雷を次々投下。海岸線に沿って約5kmのエリアに、短時間で機雷帯を作り上げることができる。まさに陸上も走ることができる機雷敷設艇といった装備で、敵の上陸阻止を重視した、自衛隊ならではの珍車両なのだ。

展開したスクリーンで浮く戦車

DDシャーマン
（アメリカ：1944年）

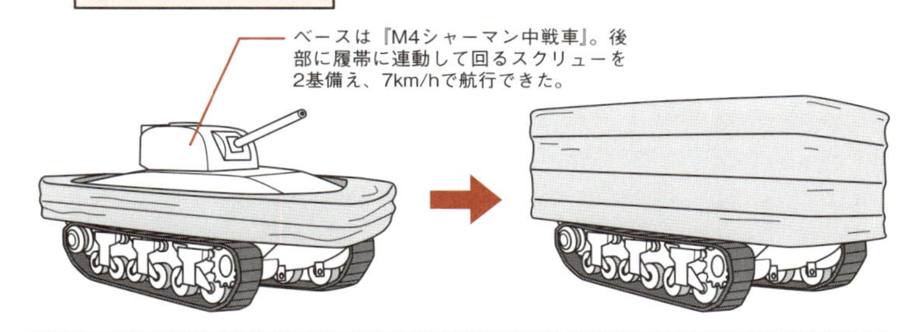

ハンガリー人のストラウスラーが考案した、防水布を展開するストラウスラー式防水スクリーン。圧縮空気を使い15分で展開できた。しかし重量35tの『シャーマン』には浮力がギリギリで、波が高いと水没してしまった。

海岸沿いに水際地雷を設置する特殊車両

94式水際地雷敷設装置
（日本：1994年）

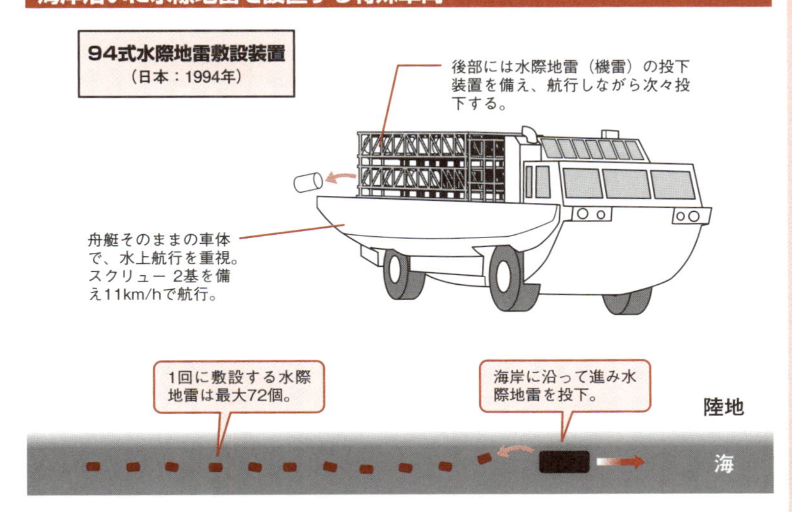

豆知識

●**旧日本軍の水陸両用車**→旧日本軍も独自の水陸両用車を作った。37mm砲を持つ『95式軽戦車』をベースに、前後に着脱できる大きな浮舟を付けた『特二式火艇』や、米軍のLVTのような船型の装軌車両で40名の兵を運べた『特四式内火艇』を開発。少数ながらも上陸戦に投入した。

列車砲と装甲列車

鉄道は19世紀初頭にイギリスで商業路線が開業したのを皮切りに、欧州や北アメリカ大陸、そしてアジアへと瞬く間に広まっていった。19世紀はまさに鉄道の時代であり、軍隊の展開にも欠かせない交通手段であった。鉄道路線は重要な補給路となり、戦争を左右する重要な戦略施設となった。

やがて、列車そのものに大型の大砲を積んで移動式の砲台として使う、列車砲が開発された。初めて列車砲が登場したのは、1864年の北アメリカ大陸での南北戦争において。南軍のピーターバーグ要塞を攻撃するために、北軍は貨車に13インチ臼砲（口径約330mm）を据え付けた列車砲を投入し攻撃を行った。

それまで大口径の大砲といえば、要塞に据え付けるか軍艦に積んで使うものだったが、この新しい発想に欧米の列強各国はこぞって飛び付き、第一次大戦時には列強各国が列車砲を装備していた。中でもドイツは、口径210mmで砲身の長さが28mにも及ぶ巨大な『パリ砲』を開発。射程距離が120kmにも及ぶこの列車砲でパリ市内を砲撃し、銃後のパリ市民を恐怖に陥れた。

第二次大戦でも、ドイツ軍やソ連軍によって列車砲が用いられた。特にドイツの『ドーラ』と『グスタフ』と呼ばれた2門の列車砲は、口径80cmの史上最大のカノン砲として知られている。砲身長は32.5m、重量は1350tもあり、貨車４台分の大きさの台車に載せられた。レールも４本の専用線が必要で、移動には専用の線路を敷設して行わなければならないほどの巨大なものだった。

一方、重要な戦略施設である鉄道路線はしばしば攻撃される対象となり、線路や輸送中の列車が襲われ破壊されることも多くなった。それに対抗して開発されたのが、貨車に武装と装甲を施した装甲列車だ。最初は貨車に機関銃を備えた銃座と射手を守る軽装甲を付けた程度であったが、次第に重武装化し、第一次大戦から第二次大戦にかけては、専用の装甲列車車両が開発され、20カ国以上で装備された。主に輸送列車に装甲車両を接続し直接護衛するものが多かったが、中にはエンジンを積み線路を単独で自走することができる戦闘列車もあり、鉄道網のパトロールを行っていた。また、ドイツやソ連、日本などは、様々なタイプの装甲列車を連結して装甲列車のみの編成を組み、線路周辺の敵を積極的に掃討することも行った。

例えば、第二次大戦時のドイツの装甲列車は、戦車の砲塔を貨車に設置した戦車駆逐車や、榴弾砲を積んだ砲車、対空機銃を積んだ対空車を装備。さらには軽戦車を載せて必要に応じて戦車を降ろし展開させる戦車運搬車、それに指揮車と装甲機関車を連結し、主に東部戦線で線路の破壊をもくろむソ連軍に対抗した。

しかし、やがて陸上交通手段の主力が道路網に取って代わるようになり、鉄道が主役の時代は終わりを告げた。巨大な列車砲やものものしい装甲列車は、第二次大戦後には姿を消してしまった。

第3章
軍隊を支える車両たち

No.062

第二次大戦で活躍した小型汎用車両

第二次大戦でドイツとアメリカの兵士の足となったのが、それぞれの国情に合わせて作られた２つの小型汎用車両。自動車史に残る名車だ。

●キューベルワーゲンとジープ

第一次大戦前後から各国の軍でも連絡用などに使われるようになった小型自動車だが、当初は後方での連絡用など用途は限られていた。しかし第二次大戦では、多少の不整地でも走れる走行性能や堅牢性の高い構造を持った小型汎用車両が登場し、その利便性の高さから急激に普及した。

その先鞭を着けたのが、ドイツの『キューベルワーゲン』だ。戦前にヒトラーが提唱した国民車構想から1938年に生まれた『フォルクスワーゲンTyp1(愛称ビートル)』をベースに、1939年に試作車が完成。翌年から改良型が量産された。シャシー(車台)やエンジンはビートルを継承しつつ、不整地での走行性能を高めるためにエンジン性能を向上し、最低地上高を上げるなどの改良を施してある。また、生産性を高めるために曲線の多いビートルとはまるで異なる、直線的で無骨なデザインのボディを持つ。リアエンジン式の後輪2輪駆動であったが、軽快な走行性を見せて戦場の身近な足として活躍。終戦までにおよそ5万台が生産された。

この『キューベルワーゲン』の成功に触発されて誕生したのが、アメリカの『ジープ(Jeep)』だ。ラダーフレームを用いた堅牢な構造と不整地走行性能が高い4輪駆動を最初から備え、故障にも簡単な工具で対応できる整備性の良さを誇った。1940年にアメリカン・バンタム社の試作車両が採用され、1941年には同社とウィリス、フォードの3社で約8600台を製造。その性能は高く評価され、若干の改良を加えた『ウィリスMB／フォードGPW』が、終戦までに約64万台も生産された。ちなみにこの2車は製造したメーカーの違いだけで基本構造はほぼ同一。アメリカの合理主義がうかがい知れる。『ジープ』は当時の愛称だが、戦後に商標登録された。以後、世界中で愛され、小型4輪駆動車の代名詞ともなった。

軍用小型汎用車両の誕生

●第一次大戦時の小型自動車
不整地での走行は考えられていなく壊れやすかった。→後方任務で使われた。

軍隊の使用に耐える **堅牢性**	多少の不整地でも走れる **走行性**	様々な装備を積める **利便性**

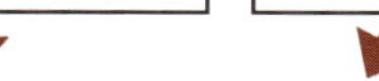

戦場を駆け巡り、様々な任務に使われる兵士の足！
小型汎用車両の誕生！

第二次大戦で活躍した小型汎用車両の独米2大スター

キューベルワーゲンTyp82
（ドイツ：1940年）

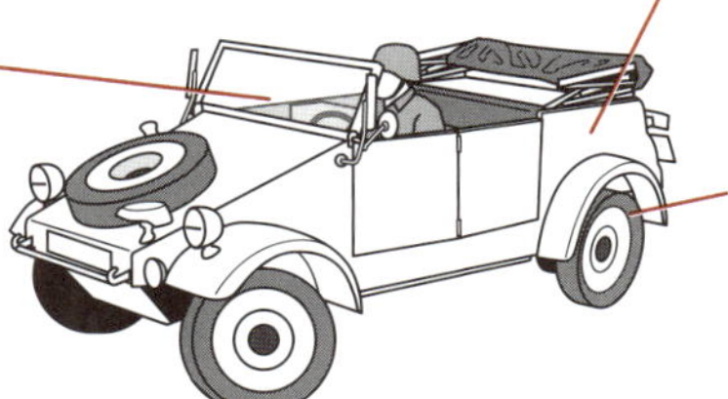

大衆車『フォルクスワーゲン』がベース。乗員4名分の座席があるが、後席に荷物を積むことも多かった。

生産性の高い頑丈で平面的なボディ。

リアエンジン＋後輪2輪駆動のため、プロペラシャフトがない分だけ底を高くでき、つかえにくく不整地でも良く走った。

ジープ（ウィリスMB ／フォードGPW）
（アメリカ：1942年）

フロントエンジンで、2輪駆動と4輪駆動が切り替え可能なパートタイム4輪駆動方式。

小型のトラック的な構造で後部は荷台。様々な装備を積みやすい。

堅牢なラダーフレームを採用し整備性も良かった。

豆知識

●**一足早く登場した日本の小型汎用車**→自動車に関しては後進国と思われていた第二次大戦前の日本だが、実は1936年に小型の4輪駆動車『95式小型乗用車』を開発。25hpエンジン搭載の2人乗りで通称「くろがね四起（よんき）」と呼ばれ、伝令や偵察任務に活躍。しかし総生産量は4775台と少なかった。

No.063

小型汎用車両をベースにした水陸両用車両

ドイツとアメリカはそれぞれ成功した小型汎用車両を元に水陸両用車両を開発したが、その設計思想の違いもあり評価は明暗を分けた。

●『シュビムワーゲン』と『フォードGPA』

第二次大戦で小型汎用車両を生み出して大量に活用したドイツとアメリカは、それぞれのモデルをベースにした水陸両用の小型汎用車両も開発した。しかし内陸での河川や湖水渡渉が可能な万能車両を目指したドイツと、海岸への上陸作戦を念頭に置いたアメリカの設計思想の違いが、完成した車両形状や性格の違いに大きく現れている。

ドイツの『シュビムワーゲン』は、『キューベルワーゲン』をベースに開発され、1940年に試作車が完成、その改良型が1942年から量産された。もっとも大きく変わったのは、バスタブのように丸みを帯びたモノコックボディを採用したことだ。また元々が後輪駆動である『キューベルワーゲン』と違い、4輪駆動機構を最初から採用。エンジン排気量も大きくなり、馬力もわずかながら向上した結果、不整地走行性能が格段に高くなった。水上航行は、後部に備えた跳ね上げ式のスクリューを下ろし時速10km/hの速度が出せた。波のない河川や湖水での使用が前提だが、陸上走行能力の高さもあって偵察任務などに重宝され、また4輪駆動のおかげで牽引能力も持ち合わせるなど兵士からの評判も上々。約1万4300両が生産された。

一方の『フォードGPA』は、『ジープ／フォードGPW』をベースに1942年に誕生した。小型舟艇にタイヤを付けたようなモノコックボディで、水上航行も舟艇のように下面後部のスクリューと舵で行う。できるだけ部品をジープと共通化することが求められ、エンジンや駆動系はそのまま使われている。ただし車重がジープの2倍となる2tもあり、陸上での走行性能はかなり低下した。また小型ゆえに対波浪性能もそれほど高いわけではなかった。より大型の水陸両用トラック『DUKW』(No.073参照)が普及するにつれ、上陸作戦の一線から姿を消し、1万3000両弱で生産は打ち切られた。

ドイツとアメリカの水陸両用汎用車両の開発意図の違い

ドイツ軍の開発意図	アメリカ軍の開発意図
内陸の川や湖の渡河機能を持たせたい！	海岸への上陸作戦で使いたい！
キューベルワーゲンを4輪駆動化し、バスタブ形のボディとスクリューを装備。	ジープ／フォードGPWを元に、ボート型のボディとスクリューを装備。
シュビムワーゲンの完成！	フォードGPWの完成！
4輪駆動化で機動力や牽引能力も向上し、万能汎用車両として兵士に好評！	車重の増加で陸上走行性能が低下してしまい、評価は低かった！

性能的には大きな差はなかったが、開発意図の違いや使われ方の違いによって、兵器としての評価には大きな明暗の差ができてしまった！

兵士からも好評だったドイツのシュビムワーゲン

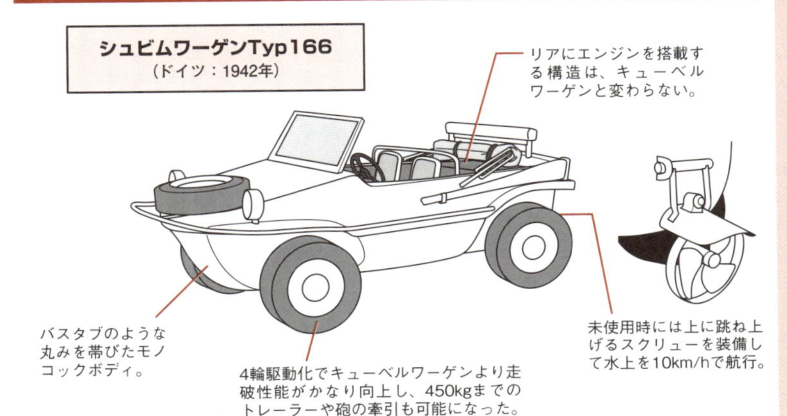

豆知識

●**戦後の水陸両用車**→第二次大戦時には小型の水陸両用車両が活躍したが、戦後の小型車では一部の軽装甲車など少数だ。むしろ大型の兵員輸送車などに浮航能力が付与されている。一方で、小型の6～8輪バギーで水陸両用機能を持つものが、被災地のレスキューなどに活躍している。

No.064

現代の汎用車両

『ジープ』の成功により使い勝手のいい汎用車両は、軍になくてはならない装備となった。アメリカの『ハンヴィー』などが活躍している。

●やや大型化した新世代の汎用車両

第二次大戦で使い勝手の良さを実証した『ジープ』は戦後も改良されながら1980年代まで広く使われ続けた。改良型であるアメリカの『M151』などのシリーズモデルは、西側諸国をはじめ多くの軍で採用された。またジープの成功に触発されて、世界各国で同様の4輪駆動小型汎用車が開発される。その代表格ともいえるのが、1948年に誕生したイギリスの『ランドローバー』シリーズ。堅牢な構造により軍民を問わず世界100カ国以上で使われるベストセラーとなった。またソ連を中心とした東側諸国でも、『GAZ-69』や『UAZ-469B』などが広く使われている。

兵士の足として様々な用途に使われるようになった小型汎用車両だが、1980年代に入り大きな変化が訪れた。搭載する武器などの重量が増し、従来の小型汎用車両や小型トラックを兼ねるサイズが求められるようになったのだ。そのニーズに応えアメリカ軍が1982年に後継車として制式採用したのが、『HMMWV(High Mobility Multi purpose Wheeled Vehicle＝高機動汎用装輪車)』だ。この車両は兵士たちにより『ハンヴィー』の愛称で呼ばれるようになった。サイズは全長4840mm×幅2160mmで車重も2340kgと『ジープ』の倍。しかしエンジン出力も150hpと倍以上になり、肝心の積載能力は1134kgと4倍もの能力を備えるようになった。走行性能も格段にアップし、その後も改良型に進化し様々なバリエーションを生みながら、アメリカのみならず世界70カ国近くで使われている。

『ハンヴィー』以外にも自動車産業を持つ多くの国が、能力の高い汎用車両を開発し使っている。イギリスの『ランドローバー・ディフェンダー』、ドイツとフランスの『ゲレンデワーゲン230G／プジョーP4』などが活躍する他、日本も1993年に『高機動車』を導入している。

現代の汎用車両に求められる性能

高い機動性能	堅牢性
不整地での走破性を高める4輪駆動に加え、路面に合わせて空気調節ができるタイヤなどを装備。長距離移動も可能な十分な航続距離も必要。	あらゆる戦場で軍隊の手荒な使い方にも耐える頑丈な車体構造は必須。ひっくり返っても起こせば走れるぐらいのタフさは当たり前。
大きな積載能力	**パワフルで安全なエンジン**
従来の小型トラックなみの約1t程度の積載能力が必要。人員なら通常で4名、最大で6～10名の乗車が可能。	車重で2t、全備で3t以上の重さで十分な機動性を発揮するパワフルなエンジンが必須。現在はディーゼルターボエンジンが主流。
十分な牽引性能	**空輸可能なサイズ**
従来は専用の牽引車両があったが、今は汎用車両が牽引車を兼ねる。荷物を積んだトレーラーや迫撃砲などを引っ張る牽引能力が求められる。	汎用車両は空輸による展開能力も重要。その車体のサイズは、戦術輸送機や大型輸送ヘリコプターの荷室に収まるように設計されている。

アメリカ軍の汎用車両

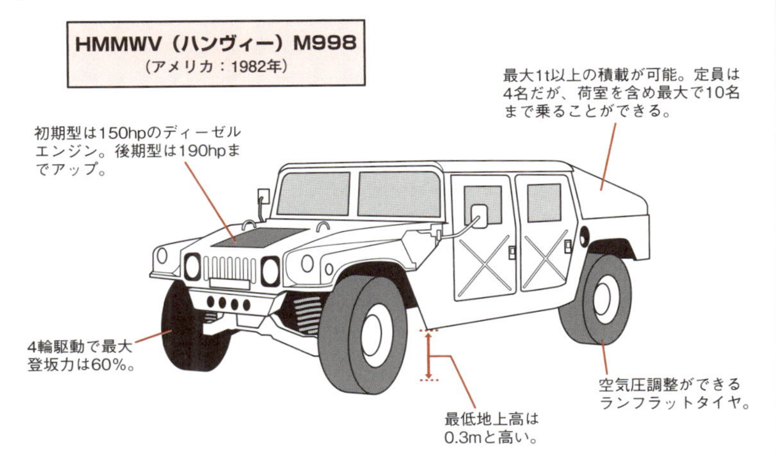

豆知識

●**市販される軍用汎用車両**→堅牢な作りと走破性の高さから、軍用汎用車両の多くは、安全備品などを追加して市販され人気を博している。アメリカの『GM ハマー』やドイツの『メルセデス ゲレンデワーゲン』などで、日本の『高機動車』も『トヨタ メガクルーザー』として販売された。

No.065

汎用車両の様々な使われ方

汎用車両は様々な用途で使われている。そこで日本の陸上自衛隊で活躍する『高機動車』を例に、汎用車両の運用方法を紹介しよう。

●サイズのわりに積載力が高い日本の『高機動車』

現在、陸上自衛隊が使用する『高機動車』は、車重が約2.5tある中型の非装甲汎用車両だ。実は自衛隊には市販車の『パジェロ』ベースで開発された『1/2tトラック』もあり、従来の『ジープ』直系の後継車はこちらのほう。『高機動車』は中型トラックの任務も兼ねる汎用車両として登場した。

積載量は2t強、人員なら前席に2名と後部の荷台に向かい合わせで最大8名の計10名が乗れる。これは自衛隊普通科の1個小銃班(米軍の分隊相当)を、まるごと収容できるサイズだ。同時に同様の汎用車両の中でもトップクラスとされる高い機動力と不整地走破性を備える。加速性能の高いエンジンに加え、4輪操舵(No.005参照)で回転半径が小さく小回りが利くなど使い勝手が良く、様々な任務で使用されている。

また、『高機動車』のボディサイズは、自衛隊で使っている輸送機や大型輸送ヘリのキャビンサイズを考慮して設計されている。『CH-47J』大型輸送ヘリの機内に収まり、1個小銃班を車両ごと空輸することが可能だ。

さらに開発時に重視されたのが牽引力。自衛隊は普通科が運用する火力として120mm迫撃砲を装備しているが、これを牽引する任務も担っている。迫撃砲牽引用の『高機動車』の荷台には迫撃砲弾の弾薬箱を固定する金具があり、砲と弾薬、そして操作要員をまるごと1台で運ぶことができるのだ。

この他、積載能力と優秀な機動力を生かして、後部の荷台に様々な装備を設置した車両が作られ、そのバリエーションは15種以上。対空ミサイルを積んだ『93式近距離地対空誘導弾』や、対地対戦車ミサイルを積んだ『中距離多目的誘導弾』などのミサイルプラットホームや、そのためのレーダー搭載車。戦場での無線通信ユニットを積んだものや、変わり種としてはヘリコプターに電源を供給する『航空電源車』なども存在する。

自衛隊が誇る汎用車両『高機動車』

高機動車
（日本：1993年）

外見が米軍の『ハンヴィー』に似ていて最初は『ジャンビー』と揶揄されたが、使いやすく評価は高い。本車の大量配備により、陸上自衛隊普通科（歩兵）の完全自動車化が達成された。

『高機動車』に求められた性能と役割

兵員の輸送
1個小銃班10名を一度に運べる。

装備の輸送
最大2tの積載能力を備える。

牽引能力
120mm迫撃砲やトレーラーなどを牽引する。

空輸能力
大型輸送ヘリのキャビンに収まり空輸可能。

高い不整地走行能力
4輪駆動＋4輪操舵で最低地上高も高い。

偵察や連絡任務
PKO任務用に軽防弾を施された仕様もある。

様々な装備のベース車両として

『中距離多目的誘導弾』（右イラスト）や『93式近距離地対空誘導弾』などのミサイル車両のベースに使われている。この他荷台に無線通信ユニットやレーダーユニット、電子妨害ユニット、煙幕発生機、航空用電源ユニットなど、様々な装備を積む車両としても利用。広報イベント用に大きなスピーカーとアンプを積むなど、用途に応じてカスタマイズされた車両もある。

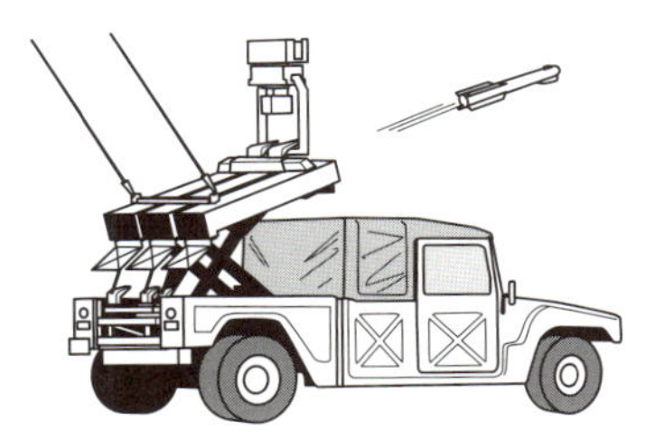

豆知識

●**世界の軍で使われる日本車→**日本車の信頼性の高さから、『トヨタ ランドクルーザー』や『日産 パトロール』などの民生品の4輪駆動車が、主に発展途上地域の軍組織で汎用車両として広く使われている。またインドの『スズキ ジムニー』など現地法人の車が軍に採用されたケースもある。

No.066

使い勝手のいい4輪軽装甲車

汎用車両のサイズながら、小銃弾を防ぐ程度の軽装甲を施された軽装甲車が、非正規戦闘が行われる紛争地域などで広く使われている。

●汎用車両に装甲を施した軽装甲車

今や世界中の軍隊で使われている小〜中型汎用車両だが、基本的には無装甲であり、敵からの攻撃には無防備だ。特に近年増えてきた非正規戦闘が行われる紛争地帯などでは、装甲がない車両の乗員は小火器相手でも被害を受けてしまう。第二次大戦前から偵察用などに使われた装甲車はあったが、それとは別に汎用車両に装甲を施した軽便な車両が求められた。

この軽装甲車をいち早く装備したのは、フランスだ。アフリカに多くの旧植民地を持ち、紛争地域での軍事活動が多かったのが理由だ。1978年に発表された4輪軽装甲車『VBL』は、紛争地での連絡／偵察任務から軽戦闘までをこなす車両として、多くの派生型に発展しながら今も現役だ。

日本でも2000年に『軽装甲機動車』が開発され、国内のみならずPKO派遣などで活躍している。取り回しのしやすい適度なサイズに加え、民生部品を多用しコストダウンを図ったことにより、すでに1800両以上が調達され、陸上自衛隊以外に航空自衛隊も基地の警備に使用している。

一方で汎用車両としてベストセラーとなったアメリカの『ハンヴィー』やイギリスの『ランドローバー・ディフェンダー』、ドイツの『ゲレンデワーゲンG230』などは、車体に軽装甲を施した装甲型が開発されている。この他、東欧、アフリカ、アジアなどの兵器メーカーによる開発も多い。

こういった軽装甲車の防御力は、せいぜい小銃弾を防ぐ程度。操縦席や後席には視界を確保するため、普通の車両のように防弾ガラスのウィンドウが備えられている。パトロールや警備活動などには欠かせない装備だ。

しかし近年増えてきたIED（Improvised Explosive Device＝即席爆弾。路肩爆弾とも）による攻撃には、軽装甲車の防御力では無力。その対策を施した新世代の装甲車両が登場し、各国で装備の更新が始まっている。

軽装甲車の進化の系譜

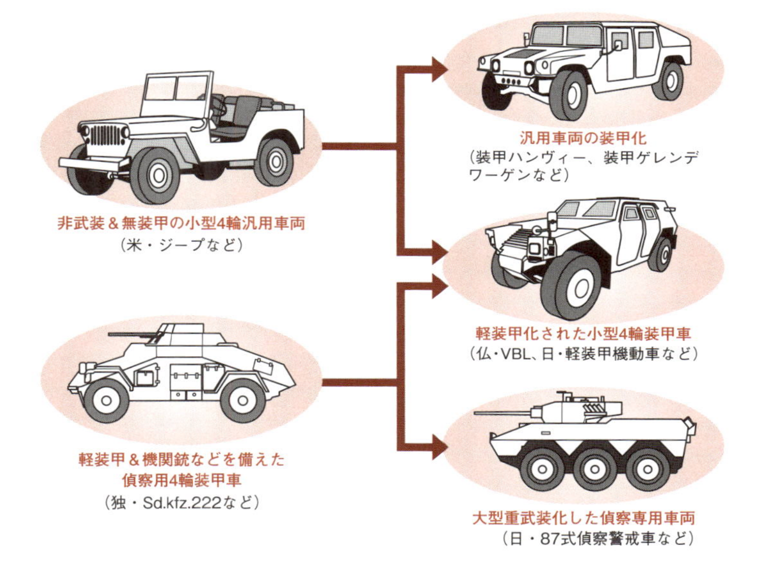

使い勝手がいい現在の軽装甲車

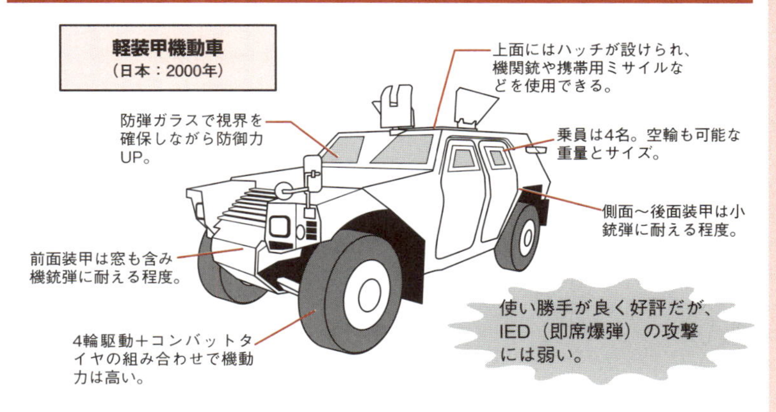

豆知識

●**イラクPKOでうらやましがられた『軽装甲機動車』**→『軽装甲機動車』には、最初からクーラーが標準装備されている。実はこれが、灼熱のイラクPKO活動で各国の兵士から羨望の的となったという。軍用車両には馬力を食うクーラーは装備されていないことが多かったからだ。

No.067

IEDによるテロ攻撃に対応した耐地雷輸送車

ゲリラや武装組織が多用するIEDの被害を軽減するために、IED対策を施した耐地雷輸送車が開発され、紛争地での人員輸送に使われている。

●IED対策を施した人員輸送車がMRAP

21世紀に入り、中東やアフリカなど各地で紛争や対ゲリラ戦(不正規戦)が起こっている。そこで大きな脅威となっているのがIED(Improvised Explosive Device)だ。即席爆発装置と訳されるこの武器は、余った砲弾や地雷などの爆発物をまとめて、道路や路肩に仕掛けて通る車両を待ち伏せ攻撃するもので、別名路肩爆弾などとも呼ばれている。単純な構造ながらも威力は大きく、イラクやアフガニスタンでは、駐留するアメリカ軍の車両が大きな被害を受けた。無装甲の汎用車両やトラックはもちろんのこと、軽装甲車や兵員輸送車なども破壊され乗員が死傷する被害が生じた。

そこで各国で急遽始まったのが、IED対策を施した輸送車両の開発だ。MRAP(Mine Resistant Ambush Protected＝耐地雷待ち伏せ攻撃防護車両、エムラップと発音)と呼ばれ、現在配備が進みつつあるのが、数名〜十数名の人員を輸送でき、地雷や路肩爆弾への対策を施した輸送車両だ。

地雷は車両の下や脇で爆発し、爆風で車両を破壊したりひっくり返したりする。そこでMRAPには、地雷の爆風を逸らすために、底を高くして形状をV字型にするなどの工夫が盛り込まれている。また、路肩爆弾の爆風や破片に耐えるべく前後左右にはある程度の装甲も施され、窓にも防弾ガラスが用いられる。小銃弾や小口径の機銃弾なら直撃にも耐えられる。さらに乗員のシートには、衝撃を吸収して保護するような工夫がなされている。

ただし装甲されているとはいえ、砲火が飛び交う戦場の真っ只中での使用は想定されておらず、あくまでもゲリラによる待ち伏せ攻撃への対処がメイン。パトロールや人員の輸送に使われる。また、IED攻撃を受けると車両が無傷なわけではなく、車輪などが破壊されれば走行不能になる。しかしその場合でも、乗員への被害が最小限になるように設計されている。

安価に作れて威力が大きいIED

IED（Improvised Explosive Device）
即席爆発装置

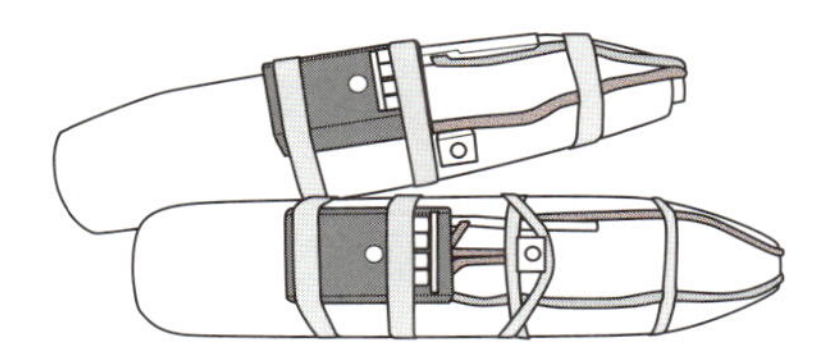

余った砲弾や地雷に起爆装置を付けただけの簡単な構造のものが多く費用は安い。携帯電話などを利用して遠隔操作する。

道路の路肩に埋めるなどして仕掛けられることから、路肩爆弾とも呼ばれる。

IED対策を施した輸送車両

MRAP（Mine Resistant Ambush Protected、耐地雷・待ち伏せ攻撃防護車両）

ブッシュマスター
（オーストラリア：2002年）

オーストラリアの他、イギリス、オランダ、ジャマイカが導入。自衛隊も「輸送防護車」の名称で導入し、海外での邦人輸送任務に使う予定だ。

乗員は前席2名＋後部キャビン7名。対衝撃性を考慮したシートを装備。

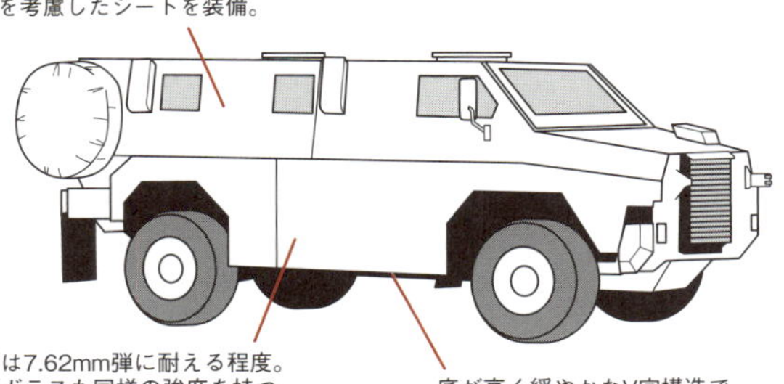

装甲は7.62mm弾に耐える程度。防弾ガラスも同様の強度を持つとされる。

底が高く緩やかなV字構造で、地雷の爆風を逃がす構造。

豆知識

●**米軍の次期汎用車両**→イラクやアフガニスタンでIEDによる被害を受けたアメリカ軍では、次期汎用車両にIED対策を施したJLTV（Joint Light Tactical Vehicle＝統合軽戦闘車両）計画を進めている。現在使われている『ハンヴィー』に替わる車両として、次代の兵士の足となる予定だ。

No.068

砂漠の特殊作戦で活躍する戦闘バギー

砂漠で機動力を発揮するには、軽量な車体が有利。そこで砂漠で活躍する特殊部隊ではオフロードバギーを改良した戦闘バギーを採用した。

●オフロードのレーサーバギーから生まれた特殊部隊の砂漠用車両

バギーとは、軽量な構造で砂漠や砂地などを走行する車両のこと。アメリカなどではパイプを組んだ簡易的なフレームの車体に強力なエンジンを積んだバギーによるオフロードレースが、盛んに行われていた。

1980年代後半に、アフリカや中東の砂漠地帯での作戦を想定して、アメリカやイギリスの特殊部隊がバギータイプの特殊車両を導入した。アメリカで当時『FAV(Fast Attack Vehicle＝高速戦闘車両)』と呼ばれた車両は、市販のレーサーバギーを元に開発されたもの。パイプフレームむき出しの軽量の車体(約950kg)には200hpの強力なエンジンが搭載され、後輪2輪駆動ながらも太いタイヤで、砂地での高い機動力を発揮する。

乗員は前席に2名、後席に1名の計3名。乗員を保護する装甲はない。一方武装は12.7mm重機関銃や、7.62mm機関銃、5.56mm機関銃、40mmグレネードランチャーなどから、必要に応じて装備。助手席と後席にそれぞれ据え付け可能な他、携帯式の対戦車ロケットランチャーなども積めるため、打撃力はかなり強力。車体が小型のため隠密性も高く、敵地に潜入しての偵察や後方撹乱など、砂漠を舞台とした特殊作戦に投入され活躍した。

1991年、湾岸戦争での多国籍軍の反攻で、クエートの市街地にいち早く侵入したのは、『FAV』に乗ったアメリカ海軍の特殊部隊**シールズ**(Navy SEALs)だったといわれている。21世紀に入ってからのイラク戦争とその後のイラク駐留では、シールズの部隊が『DPV(Desert Patrol Vehicle)』と呼称して、砂漠パトロール任務などで使用している。

この他、ATV(All Terrain Vehicle＝全地形型車両)と呼ばれる4輪バギーも、軍用に改造されたものが特殊部隊用に装備されている。こちらは主にアフガニスタンなどの山岳地帯の作戦で使われている。

特殊部隊が砂漠で使う専用車両

① 砂地でも沈み込まずスピードを出せる高い機動性。

② 秘匿性に優れヘリコプターでも輸送可能な小型軽量の車体。

③ 2~3名の兵士と様々な武器の他に数日分の物資を積める。

↓

オフロードレースで活躍するレーサーバギーがピッタリ！

↓

レーサーバギーをベースに、2～3名の人員に加え様々な武装や物資が積めるように改造した戦闘バギーを開発する！

↓

アメリカのシールズ（Navy SEALs）やイギリスの特殊空挺部隊（SAS = Special Air Service）などが中東の砂漠地帯に投入。偵察や後方撹乱で活躍。

FAV（Fast Attack Vehicle）
（アメリカ：1991年）

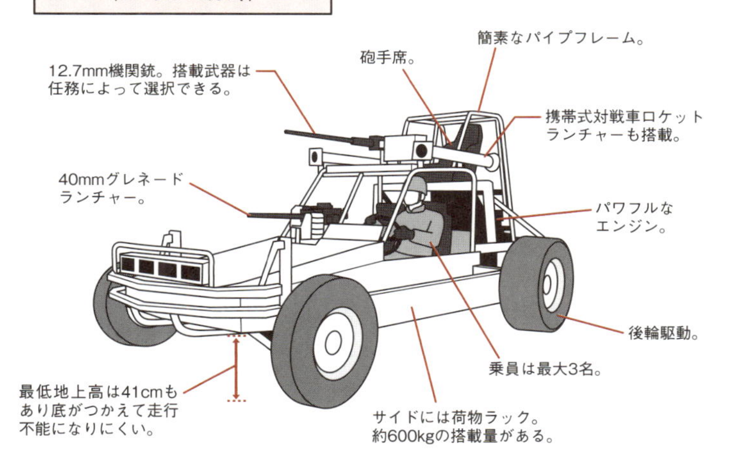

用語解説

●**シールズ（Navy SEALs）**→1962年のベトナム戦争時に設立された米海軍所属の特殊部隊。名前の由来は海（SEA）空（AIR）陸（LAND）の文字とアザラシ（seal）をかけたもの。その名のとおり、水上陸上から空挺作戦までをこなし、アメリカが関わる様々な戦争や特殊作戦に従事している。

No.069

不整地で活躍するユニークな汎用装軌車両

不整地での輸送や連絡、牽引などの多任務に対応する汎用装軌車両は、一見地味に見えるがユニークな構造を持つ、使い勝手の広い車両だ。

●不整地の足として活躍した第二次大戦の小型装軌車両

野原や耕作地などが戦場となった第二次大戦の欧州では、不整地で使われる汎用の装軌車両が使われた。イギリス軍は、ブレン機関銃を載せた小型の装軌車両を『ブレンガン・キャリア』として開発。しかし戦闘任務だけでなく、輸送任務や砲の牽引車両など様々な用途に使うため『ユニバーサル・キャリア』の名前に変えて1940年から量産した。周囲は薄い装甲板で覆われているが天井はない。小型ながら速度は最高48km/hと優速で使い勝手が良く、歩兵の支援に重宝された。太平洋戦線にも投入された。

ドイツ軍では、オートバイの前輪を備えたような小型半装軌車両『ケッテンクラート』が活躍した。本来は空挺部隊用の小型車両として開発されたが、泥濘地が多い東部戦線などオートバイや装輪車両では走行が難しい戦線で、偵察任務や輸送任務、小型砲の牽引などに活躍した。外見から前輪で操舵すると思われがちだが、実際は前輪操舵の切れ角に合わせて内側の履帯(りたい)にブレーキがかかる仕組みで、左右の履帯の速度差で方向を変える。

●夏は湿地、冬は雪原の国ならではのアイデア、連結装軌車両

戦後にも、各国で不整地用の小型装軌車両が使われている。中でもユニークなのは、北欧のスウェーデンが装備した全地形装軌車両『Bv.206』だ。小型軽量の車両2台を連結した構造に幅広の履帯を組み合わせ、搭載力を確保しつつ沈み込みを防ぐ低接地圧を実現している。しかも水上浮航能力も備え、国土の多くを占める池沼湿原帯や山岳地、さらには冬場の雪原などの地形でも兵員や荷物を運搬できる車両だ。スウェーデン以外にも、北国に限らず30カ国以上で採用されている。またこの車両を元に、イギリス海兵隊用の連結式装甲兵員輸送車『BvS10バイキング』も開発された。

第二次大戦で活躍した小型汎用装軌車両

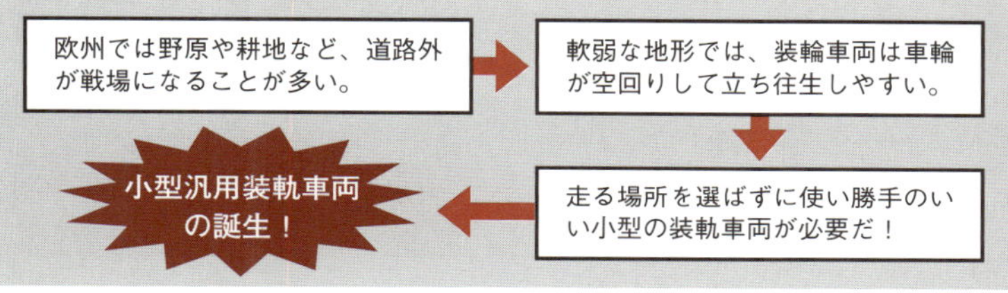

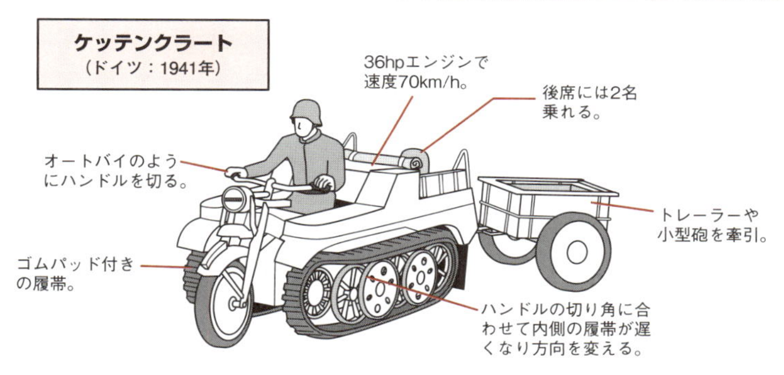

様々な地形に対応する現代の小型汎用装軌車両

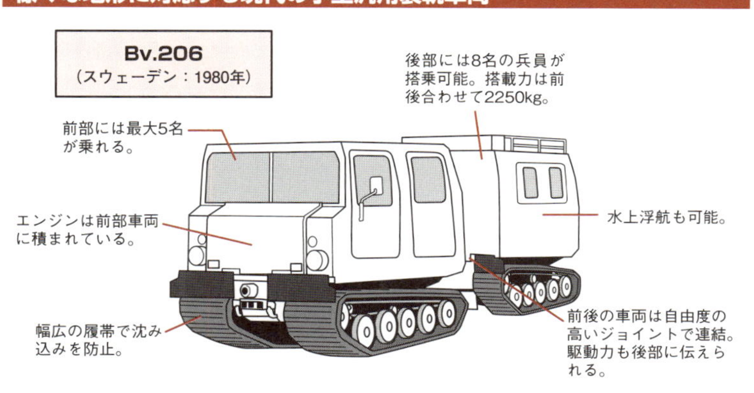

豆知識

●**自衛隊の汎用装軌車両**→日本の自衛隊で活躍する小型の汎用装軌車両が『資材運搬車』だ。全長4.3m、重量5tの小型車両で2名用のキャビンと荷台を備え、最大3tまでの搭載が可能。また2tまで吊り上げられる小型クレーンも備え、山岳地で資材運搬や被災地での支援などに重宝されている。

No.070

連絡や指揮に使われた軍用乗用車

第二次大戦の日本やドイツでは、軍の将官が後方での移動や戦場での指揮用に使った、不整地走行能力を備えた軍用乗用車も作られた。

●不整地での走行性能をある程度備えた軍用乗用車

自動車が普及しだした1910年代には、各国の陸軍でも自動車が導入されだした。まだ前線の部隊は歩兵中心だったが、後方での将官などの高級将校の移動用や連絡任務などに用いられるようになった。第一次大戦のころになると、欧州では自動車そのものは珍しい存在ではなかったが、軍隊では後方任務での使用が中心でその多くは市販車を採用していた。

1930年代に入り、それまでは輸入乗用車を採用していた日本陸軍は、将来を見据え国産の軍用乗用車を開発するようになった。満州事変や上海事変などで大陸での戦闘に輸入乗用車を投入したが、欧州に比べ道路の整備も遅れており、耐久性や走行性能の不足を痛感。軍用に耐える車両を必要としたからである。その結果誕生したのが『九三式四輪乗用車』や『九三式六輪乗用車』だ。特に後者は不整地走行能力も高く、後方任務のみならず野戦での前線指揮車としても多く使われた。さらに1937年には4輪駆動でより不整地走行能力を高めた『九八式四輪起動指揮官車』も採用された。一方で後方での高級将校用の軍用乗用車も数種類作られている。

こういった戦前から戦時中に軍用乗用車の開発を行った日本の企業には、現在のいすゞやトヨタ、日産などがあった。戦後の日本自動車産業勃興の礎は、この軍用乗用車の開発で培われたともいえる。

また、ドイツでは大衆車として開発した『フォルクスワーゲンTyp1』をベースに、エンジンや足回りなどを強化した軍用汎用車両『キューベルワーゲン』が誕生した。このシャシー(車台)にフォルクスワーゲンのボディを載せた『フォルクスワーゲンTyp82e』が少数ながら作られ、軍用乗用車として使われている。外見は普通のフォルクスワーゲンとそっくりだが若干車高が高く、走行性能はキューベルワーゲンそのものという希少車だ。

日本陸軍が開発した軍用乗用車

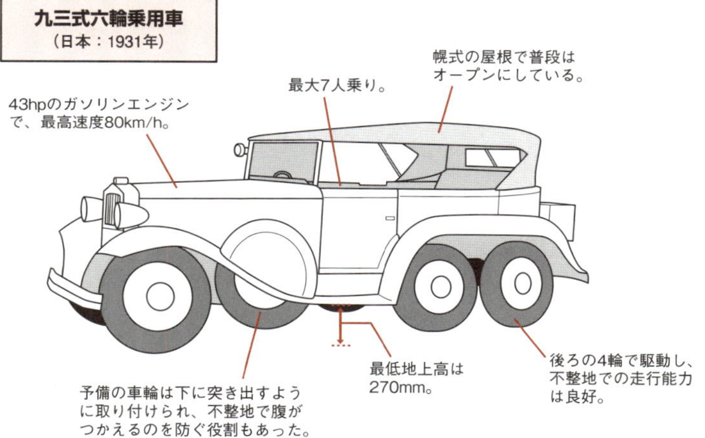

小型汎用車の車体にセダンボディを載せた軍用乗用車

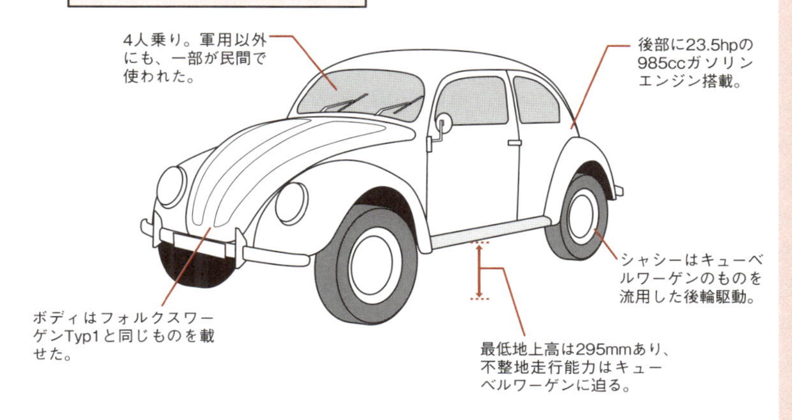

豆知識

●**戦線に兵士を送ったタクシー**→第一次大戦でパリに近いマルヌ川を防衛線にしたフランス軍は、兵士を急ぎ送る必要にかられた。そこでパリのタクシー約600台を徴用し、一晩で2往復して6000名もの兵士を送って戦線を支えることに成功した。自動車を初めて本格的に軍用活用し有用性を示した。

No.071

軍用トラックは軍隊のワークホース

物資を運ぶトラックは、補給が重要な現代の軍事作戦には欠かすことができない車両。第二次大戦でその真価を発揮し世界中で活躍した。

●陸軍の兵站線を支える軍用トラック

軍隊とは、大量の物資を消費する集団だ。特に火砲が主力武器となり、燃料を消費する車両が使われるようになった近代以降、兵站線(へいたんせん)を確保することは軍事作戦にとって非常に重要な要素となった。物資補給が途絶えるとどんなに優れた装備を備えていても、戦闘を継続することはできない。その兵站を支える車両が軍用トラックだ。

自動車が実用化された1910年代以降、軍用車両としてもっとも多く生産され使われているのが、荷物を運ぶ軍用トラックだ。第一次大戦では欧州の戦場で、後方での輸送任務にトラックが軍用として使われている。また日本陸軍が始めて実戦に車両を参加させたのも、第一次大戦中の1914年。青島攻略戦に参加させた国産の試作軍用貨車(トラック)だった。

軍用トラックが真価を発揮し有用性を証明したのは、やはり第二次大戦だろう。第二次大戦の緒戦で欧州を電撃戦で席巻したドイツ軍は、戦車以外にも数多くのトラックを投入し、物資や兵員を運んだ。電撃戦といえば戦車軍団による快進撃がクローズアップされるが、それを支えたのが『オペル・ブリッツKfz.305』などの軍用トラックが持つ機動力だったのだ。

一方、兵站の重要性を理解していたアメリカ軍が1941年に開発した軍用トラックが、『GMC CCKW』だ。2.5tの積載量を持つこのトラックは6輪駆動の足回りを備え、荷物を満載した状態でも高い走行性能を発揮した。戦時中に約50万台以上、戦後も含めると総計80万台以上が量産され、アメリカ軍の物量作戦を支えるワークホースとして活躍した。アメリカ軍が登場する第二次大戦を舞台にした戦争映画には必ず登場するお馴染みの車両だ。

日本陸軍も、1933年に軍用に開発した『九四式六輪自動貨車』や、民生品を軍用に改造した『九七式四輪自動貨車』を装備し使用した。

軍用トラックが運ぶもの

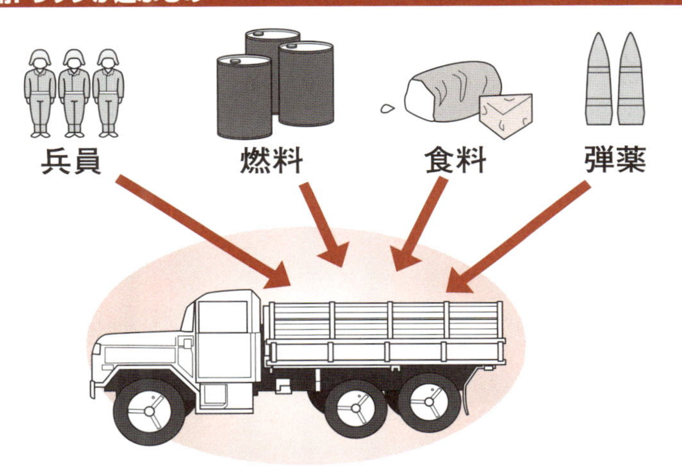

第二次大戦で活躍した軍用トラック

GMC CCKW
（アメリカ：1941年）

最初から軍用トラックとして開発。タフな車体と走行性能の高さで大量に配備され戦後は民生用としても使われた。

豆知識

●**日本軍初の軍用車両**→日本で始めて開発された国産軍用車両は、1911年（明治44年）に試作車が完成した2両のトラックだった。1.5t積みのタイプと、これよりやや小型だが走行性能を重視したタイプの2種類で、良好な成績を残した。その後継で開発された車両が第一次大戦に参戦した。

No.072

現在の軍用トラック

世界中の軍隊に欠かせない軍用トラックだが、目的に応じて数種類のサイズが採用される。また野外での荷降ろしを簡略化する工夫もある。

●用途に合わせて数種類のサイズがある自衛隊のトラック

軍用トラックには、最初から軍用車両として専用設計されたものもあるが、民生品に補強や改造を施し軍用にしたものも多い。また、使用目的や積載量によって、小型から大型まで数種類が使い分けられる。現在の陸上自衛隊でも、用途に合わせて主に3種類のトラックを装備している。

自衛隊専用設計のトラックが『1 1/2tトラック(73式中型トラック)』だ。シャシー(車台)やエンジンを『高機動車』と共通化した4輪駆動方式。前席には3名乗車でき、積載量は最大2tで後部荷台には16名の兵員を乗せられる。『3 1/2tトラック(73式大型トラック)』は、路外で約3.5t、路上なら最大6tの積載量を持つ。旧型は後輪駆動だが、現在の新型は6輪駆動。民生品をベースに開発されたが耐久性は高く、牽引車両としても使われる。

もっとも大型なのが『7tトラック(74式特大型トラック)』。路外積載量は7tだが、路上なら最大10tの荷物が積める。これもベースは民生品だが、軍用に耐えるように6輪駆動化されている。この他、さらに重量級の装軌車両などを運ぶトレーラータイプの車両もある。

●戦場で荷物を一気に降ろす、パレット式貨物システム

現在、アメリカ陸軍が使う大型オフロードトラックが、HEMTT(Heavy Expanded Mobility Tactical Truck＝重高機動戦術トラック)で、8輪駆動タイプと10輪駆動タイプがある。この10×10タイプの荷台に、物資を載せたパレットを搭載するPLS(Palletized Load System＝パレット式貨物システム)を装えた車両が、中東などの戦場で活躍している。設備のない野外でも、大量の物資をパレットごと短時間で降ろすことができる装備だ。自衛隊も同様のPLSを備えた重装輪特殊トラックを新たに開発している。

陸上自衛隊のトラック

3 1/2tトラック
（日本）

1973年に導入されてから、ベースとなる民生品のモデルチェンジに伴い、数タイプが存在する。

陸上自衛隊の主なトラック

	サイズ（全長×全幅×全高）	車重	積載量（路外） 積載量（路上）	最高速度 km/h
1 1/2tトラック（73式中型トラック）	5.49m×2.22m×2.56m	3.04t	1.5t 2t	115km/h
3 1/2tトラック（73式大型トラック）	7.15m×2.48m×3.18m	8.57t	3.5t 6t	105km/h
7tトラック（74式特大型トラック）	9.34m×2.49m×3.16m	10.99t	7t 10t	95Km/h

※日本の道路交通法に適合するため、車幅は2.5m以内に収められている。

野外で素早く荷物を降ろすパレット式貨物システム

HEMTT-PLS
（アメリカ）

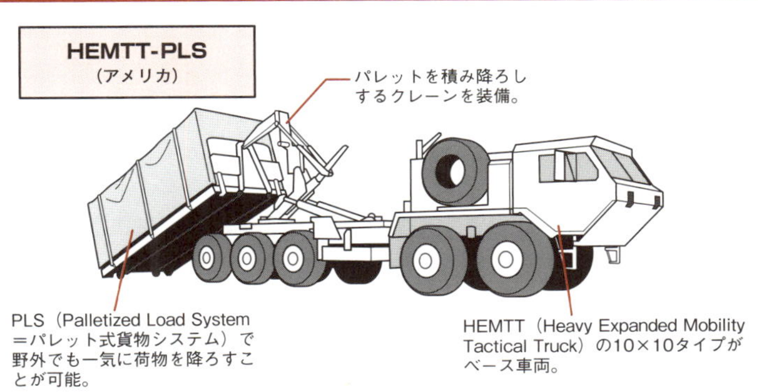

豆知識

●**民生品に合わせて見た目も変わる→**自衛隊で装備されているトラックは、民生品をベースに製造されるものが多い。そのため、元になるトラックがモデルチェンジすると、それに合わせてキャブ（運転席のある前部）の形状やエンジンなどがマイナーチェンジされ、見た目も変わることがある。

No.073

目的に特化した変わり種トラック

特殊な能力を備えて重宝されたトラックもある。水陸両用トラック『DUKW』と、山岳地や不整地で活躍する『ウニモグ』を紹介しよう。

●海を走るトラック『DUKW』

第二次大戦で欧州への上陸作戦を予定したアメリカ軍は、物資や兵員を揚陸できる水陸両用のトラックを開発した。アメリカの標準トラック『CCKW』のエンジンと足回りをそのまま流用し、船形の車体に載せて完成したのが『DUKW』だ。陸上では6輪駆動のトラックとして2.5tの荷物か25名の兵士を運び、水上では後部に備えたスクリューで10km/hで航行、最大5tの荷物を載せることができた。また、浜辺などの軟弱地を走行するために、初めてタイヤに空気圧調整装置を備える工夫も盛り込まれた。

初陣は1943年6月のシチリア島上陸作戦で、物資補給や負傷兵の後送任務で有用性を証明。同年9月のイタリア本土サレルノ上陸には150両が投入された。1944年のノルマンディ上陸作戦には1000両以上が投入され、連合軍の揚陸能力の主力を担う。また上陸してからは通常のトラックと同様に陸上輸送任務にもつき、渡河作戦でも活躍するなど、その使い勝手の良さに評価は高い。総計で2万1000両が生産され、朝鮮戦争でも使われた。

●悪路や山岳地で活躍する『ウニモグ』

ドイツのメルセデス・ベンツが、戦後すぐの1946年に農作業用多目的車として開発したのが『ウニモグ(Unimog)』だ。最大の特徴は、ハードな使用に耐える頑丈な車体と、4輪駆動の車体に主変速機以外に2段の副変速機を備え後期モデルでは実に27段変速。40～45度以上の傾斜も登れるという装輪車にしては驚異的な不整地走行能力だ。1950年代にスイス陸軍に山岳トラックとして採用されて以来、本国ドイツ以外にも世界中で使われている。『ウニモグ』をベースにした装甲車や自走砲も開発され、民間の特殊作業車としての需要も高くモデルチェンジしながら今も生産されている。

アメリカが作った水陸両用トラック

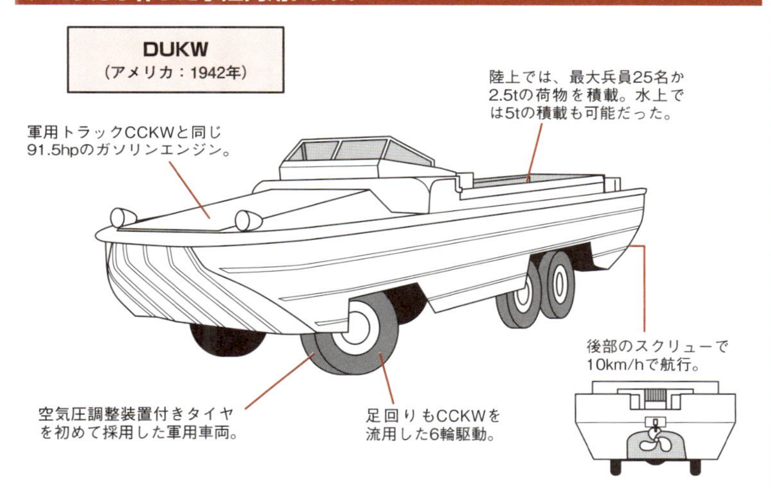

山岳地や不整地で威力を発揮するウニモグ

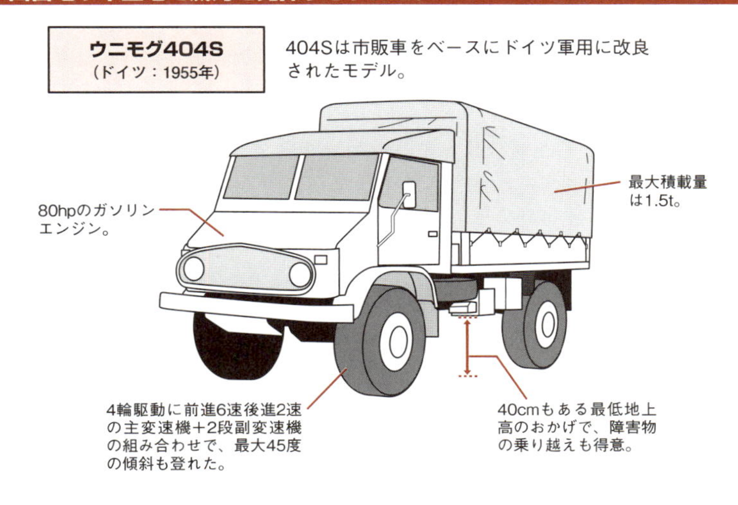

豆知識

●**日本で乗れる『DUKW』**→『DUKW』は、アメリカ軍では1960年代、その他の国では1980年ごろまで使われた。軍で余剰になった車両は、民間に移譲され、災害救難や観光などで今も使われている。現在、日本にも2台が現存し、神戸港での水陸両用観光車両として、2015年現在も活躍している。

No.074

戦車を運ぶ大型トレーラー

戦車などの装軌車両は、長距離移動が苦手。無理すると壊れてしまう。そこで専用の運搬車に載せて、戦場まで運んで運用する。

●戦車を長距離輸送するために欠かせない車両

現代陸戦の主役である戦車だが、最大の泣き所は長距離移動が苦手なこと。戦車に限らず装軌車両は、移動時に履帯（りたい）や駆動系に大きな負荷がかかるため履帯が切れたり駆動系が故障するトラブルが起こりやすい。そこで現場までの長距離移動は他の手段に頼ることが基本。また、重量級の装軌車両が路上を自走すると、道路を傷めてしまうというデメリットもある。

陸上の長距離移動は鉄道輸送が用いられるが(No.101参照)、鉄道がない場合もある。そこで第二次大戦には、大型の牽引車とトレーラーで戦車を輸送するようになった。ドイツでは『Sd.kfz.9』という18tの牽引力を持つハーフトラックが用いられた。一方アメリカは、240hpの『M26トラクター』で、40tまで積載できるトレーラーを牽引。この組み合わせでドラゴンワゴンの愛称で呼ばれる『M25戦車運搬車』として使用した。またイギリス軍も『スキャンメル戦車運搬車』を開発している。

戦後も戦車運搬車は必携の装備だが、そこまでの重量級運搬車両を自主開発できる国は限られており、現在はアメリカ、イギリス、ドイツ、ロシア、スウェーデン、中国、そして日本などの限られた国のみだ。また、戦車の重量が増加すれば、戦車運搬車の能力向上も必要。日本では38tの『74式戦車』を運ぶために『73式特大型セミトレーラ』を導入したが、50tの『90式戦車』はこれでは運べず、新たに『特大型運搬車』を開発した。

この戦車運搬車の存在が、勝敗に大きく関わったこともある。1967年の第三次中東戦争では、イスラエル軍は保有する戦車と同数の戦車運搬車を持っていたのに対し、アラブ軍にはなかった。そのため、戦場に到着するまでにアラブ軍の戦車の1/3が脱落し、残りもトラブルを抱えた車両が多かったという。その差がイスラエル軍圧勝の一因ともいわれている。

戦車を運ぶ運搬車はなぜ必要か?

装軌車両が走行する特徴は?

・履帯を履いている。
・方向転換は左右の履帯の速度差で行う。

長距離移動すると?

・履帯に負担がかかり切れる。
・エンジンや変速機が壊れる。
・道路が傷む。

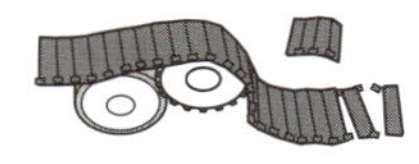

などのデメリットがある。

その結果

・戦場に着く前に壊れ脱落する。
・なんとかたどり着いても、故障を抱えて役に立たない。

戦力が大幅にダウンし負ける!

壊さないために

戦車運搬車に載せて長距離輸送!

大型の戦車を運ぶ専用車両

特大型運搬車
(日本:1990年)

全長:17000mm　高さ:3150mm
全幅:3490mm　車重:21t

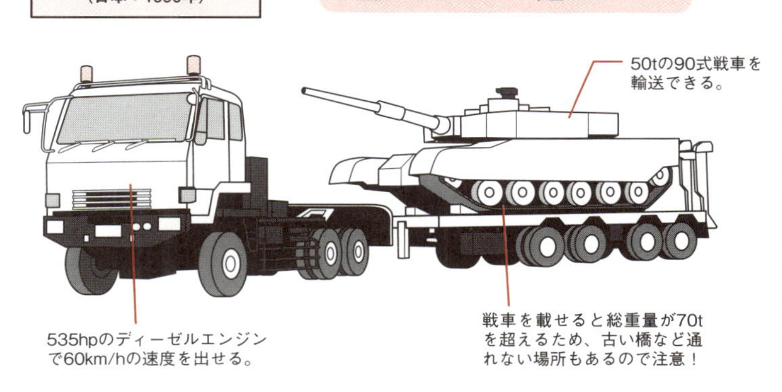

豆知識

●**湾岸戦争で足りなくなった戦車運搬車→**1991年の湾岸戦争で、大量の戦車を中東に投入したアメリカ軍だが、戦車運搬車の数が圧倒的に足りなくなり、民間や周辺諸国からかき集めるはめになった。終盤の砂漠戦では、戦車部隊は整備を行いながら、自力で長距離移動して戦った。

No.075

故障した車両を回収する車両回収車

故障した戦闘車両は、回収して修理される。動けなくなった重車両を牽引して回収し修理やメンテナンスを行う回収車が配備されている。

●戦車回収車は主力戦車の車体をベースに作られる

戦場で故障したり攻撃を受けて破損した戦車や装甲車は、回収され修理される。しかし重量がある戦車を回収する車両には、同等の不整地での機動力とそれなりのパワーが必要だ。そこで戦車回収車は、主力戦車の車体をベースにして、ウインチやクレーンなどを装備して作られることが多い。

例えば陸上自衛隊では、歴代の主力戦車の車体を流用して戦車回収車が作られてきた。『61式戦車』の車体をベースにした『70式戦車回収車』（ともにすでに退役）、『74式戦車』をベースにした『78式戦車回収車』、『90式戦車』をベースにした『90式戦車回収車』、そして最新の『10式戦車』をベースにした『11式装軌車回収車』も登場している。それぞれに対応する主力戦車を牽引できる能力を持ったウインチと、ウインチを使うさいに踏ん張るためのドーザーブレードを備え、窪地に落ちた戦車を引き上げることが可能。また戦車の砲塔やエンジンを吊り上げることができるクレーンも備え、戦車の回収だけでなく、戦場での修理やメンテナンスにも活躍する。

●様々な車両を牽引する軍用レッカー車

一方、故障した装輪車両を牽引する軍用レッカー車もある。現在、自衛隊では牽引能力が異なる3種類のレッカーが装備されている。4.8tの吊り上げ能力を持つクレーンと牽引用ウインチを備えるのが『軽レッカ』で、車両を装備するすべての部隊に支援装備として配備されている。それより大型の『重レッカ』は、10tの能力を持つクレーンを備え、車両牽引だけでなく、戦車や装甲車の砲塔やエンジンの交換にも使われる。そして大型の装甲車を牽引する最大の装備が『重装輪回収車』。8輪駆動の大型の車体に、12tを吊り上げる大型クレーンと15tを牽引可能なウインチを備えている。

戦車などの装甲車両を回収する戦車回収車

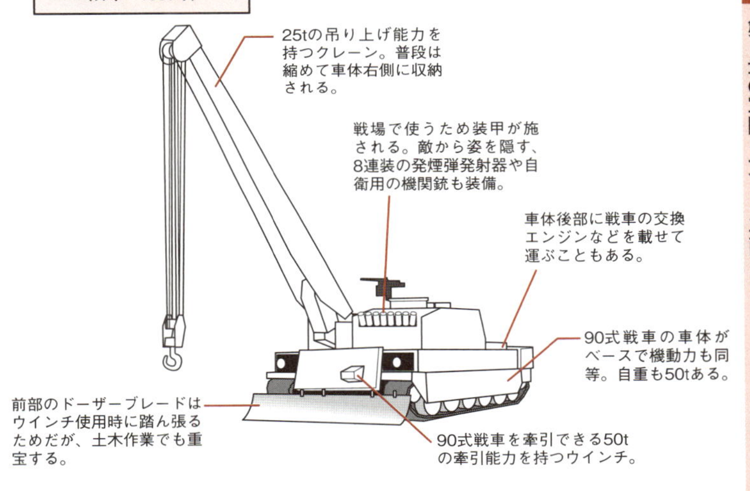

装輪車両を回収する軍用レッカ車

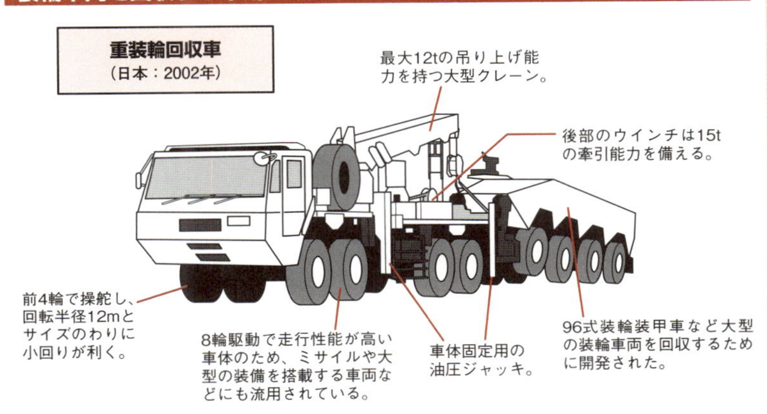

豆知識

●**戦車回収能力が高かったドイツ軍**→第二次大戦時のドイツ軍は、当初は『18tハーフトラック』で故障した戦車を回収していたが、牽引能力が追いつかなくなった大戦後期には、『V号戦車』の砲塔を除いた戦車回収車『ベルゲパンター』を登場させ多くの戦車を回収し、修理して再び戦場に投入した。

No.076

燃料を運ぶタンクローリー

車両が使われるようになった第一次大戦以後、燃料の補給は必須となった。専用のタンクローリーや燃料容器をトラックに積み補給した。

●軍の行動を左右する燃料補給

機械化された軍隊の装備は燃料を必要とする。戦闘を長期間継続するためには、燃料の補給が不可欠だ。軍隊の機械化が始まった第一次大戦中、フランス陸軍は機械化された部隊への燃料の調達や輸送を担う「陸軍燃料部」という組織を発足させた。この部署は、今もなお存在しており、また各国の軍にも同様の部署が存在する。

燃料は船(タンカー)や列車で輸送されたあと、車両に移され戦場の部隊まで送り届けられる。輸送方法は燃料容器に小分けしてトラックで運ばれる場合と、専用の燃料補給車(タンクローリー)で運ぶ場合がある。

戦場で使われる燃料容器には、約200ℓ入るドラム缶と、20ℓ前後のジェリカンがある。ジェリカンは第二次大戦時にドイツ軍が使った小型燃料容器で、戦場で人がポンプを使わずに直接給油できるサイズ。イギリス軍やアメリカ軍がその利便性に注目して取り入れ、やがて世界中に広まった。

一方、第二次大戦時には、アメリカの輸送トラック『GMC CCKW』やドイツの『オペル・ブリッツ Kfz.305』などをベースにタンクローリー仕様が作られ、燃料の輸送と補給を行った。またトラックが走行できない不整地では、装軌の牽引車両が燃料トレーラーを引いて、戦車部隊などに随伴して補給した。ときには戦車自身が燃料トレーラーを牽引することもあった。

現在も軍用のタンクローリーが使われている。例えば陸上自衛隊では、5100kgの燃料タンクを備えた『3 1/2t燃料タンク車』を装備している。この他、飛行場で航空機に燃料を補給するタンクローリーは、別に専用の大型のものが使われている。飛行場内に限られるので走行性能は二の次で良く、より大型のタンクを備えたほうが便利だからだ。また航空燃料用のタンクローリーには、ポンプや給油ホースなどの補給装置が備わっている。

燃料を運ぶタンカー

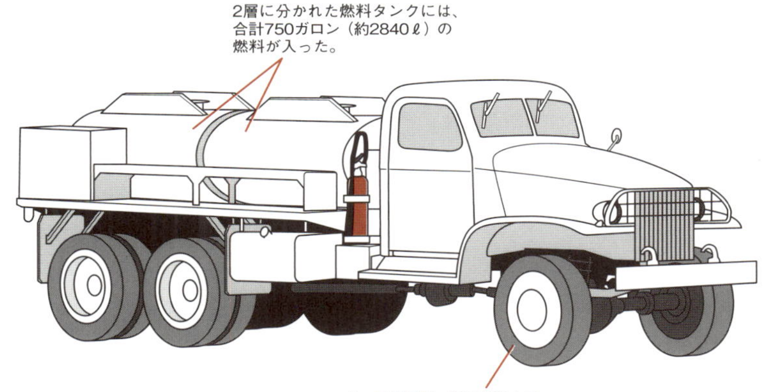

戦場で使われた燃料容器

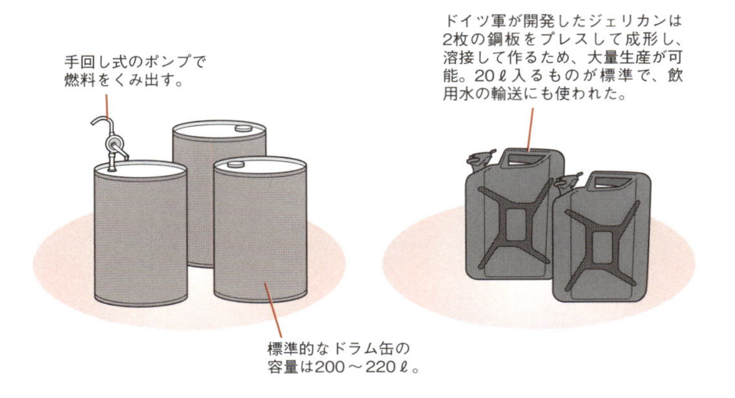

豆知識

●**輸送が容易な軽油**→燃料には、主にガソリンと軽油の2種類あるが、揮発性が高く爆発しやすいガソリンは取り扱いに注意が必要。一方で、軽油は爆発の危険性が少なく輸送も容易。第二次大戦時のソ連の戦車が、燃料タンクを後部にむき出しで設置できたのも、軽油を使っていたからだ。

No.077

工兵部隊が使う土木建設機械

道路や橋の建設や整備など、インフラを構築する作業は工兵隊の重要な任務。民生品の土木建設機械と同様の装備が、軍隊でも使われる。

●工兵隊の技術力が戦場を支える

工兵隊の歴史は、非常に古い。そのルーツは紀元前のローマ帝国にまで遡ることができる。ローマ帝国の象徴といわれた重装歩兵は、高い戦闘能力を備える一方で、土木工事のプロ集団であったことが知られている。ローマを中心にヨーロッパを結んだローマ街道の多くは、ローマ軍団の兵士によって基礎が築かれている。また河川に架かる橋を建設し、野営地に仮設の砦を築くなど、その土木建設技術の高さも大きな武器だったのだ。

その後ヨーロッパでは、16世紀ごろには土木作業を担当する専門の工兵が誕生し、戦闘部隊を支える存在として活躍した。そして第二次大戦には、ブルドーザーなどの土木建設機械が導入され、大きな変革がもたらされる。特に工兵への機械化導入をいち早く行ったアメリカ軍では、破壊された飛行場を短時間で修復するなど、戦場を左右する活躍を見せている。

現代の工兵部隊では、多くの土木建設機械を使用している。ブルドーザーをはじめ、パワーショベルやバケットローダーなど整地や掘削に使われる装備はマストアイテムといえる。さらに道路をならすグレーダーやロードローラーなど、道路建設のための土木機械も必須だ。この他、クレーン車やダンプカー、変わったところではトンネル掘削機器なども装備されている。このような土木建設機械は、ほとんどが民生品を導入し、軍隊用に色を塗りなおしただけのものが多い。

工兵が活躍するのは戦場だけではない。後方での様々な支援活動やインフラ整備も任務のうち。道路や橋などの交通インフラの建設や整備は、補給路を確保するためには欠かせないし、施設の建設などに従事することもある。また昨今は、自然災害での災害派遣や、**PKO派遣**による紛争国でのインフラ整備などの任務も重要視され、その主役は工兵部隊だ。

工兵部隊の発達と機械化

●ローマ帝国の重装歩兵
戦闘のプロであると同時に土木工事のプロ集団。道路や橋を建設しながら戦った。

●16世紀ごろのヨーロッパ
道路建設や築城を行う専用の工兵が誕生。戦闘部隊と分けられて運用される。

●第二次大戦での工兵の機械化
ブルドーザーなどの土木建設機械が導入され、迅速な陣地構築や補修が可能になった。

●現代の工兵
様々な土木建設機械を装備し、戦場以外でも災害派遣やPKO派遣で活躍する。

現代の工兵部隊が装備する土木建設機械

ブルドーザー

第二次大戦でアメリカ軍が大量に導入し成果を上げげた。現代でも陣地構築や施設の修復には欠かせない。民生品がそのまま使われることが多い。

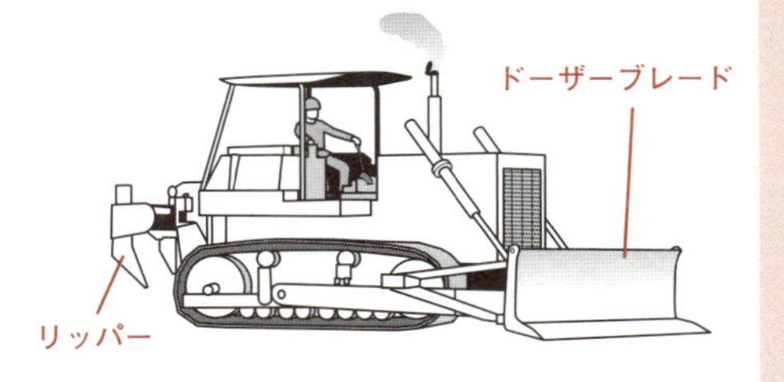

パワーショベル

イラストは陸上自衛隊用に開発された『掩体掘削機』。民生品にさらに改良を加えた専用装備だ。

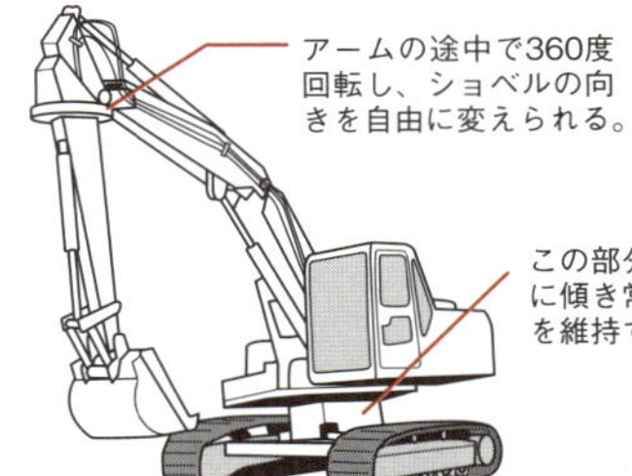

用語解説

●PKO派遣→国際連合平和維持活動（PKO）のことで、国連の決議により派遣される。自衛隊のPKO派遣は1992年のカンボジア派遣が最初で、その中心が600名の施設科部隊（工兵）。現地でインフラ整備などを手がけ、高い評価を得た。日本のPKOの先鞭を着けたのは工兵だったのだ。

No.078

戦闘工兵が戦場で使う戦闘工兵車

戦場の最前線で戦闘部隊の支援を行うのが戦闘工兵。土木作業や爆破作業などのために工夫されたのが、戦闘工兵車や装甲ブルドーザーだ。

●弾が飛び交う最前線で活躍する戦闘工兵車

最前線で陣地構築を行うのは、戦闘部隊に随伴する工兵の役目だ。また、敵陣地の攻略にあたっては、部隊の先頭に立って土塁やトーチカなどの破壊や除去、ときには爆破作業まで行うこともある。こういった戦闘部隊に直接支援を行う工兵部隊は特に戦闘工兵と呼ばれ、敵陣地の攻撃や拠点の破壊などには欠かせない重要な存在だ。

工兵にとって、様々な敷設作業を行う土木建設機械は必須の装備だが(No.079参照)、特に活躍するのがブルドーザーだ。ドーザーブレードを持った装軌車両で、第二次大戦時のアメリカ軍の強さの一端は、「あっという間に土木作業を行うブルドーザーにあり」といわれたほどである。

やがて弾が飛び交う戦場の最前線でも作業ができるように、戦車の前面にドーザーブレードを取り付けた工兵戦車が開発された。これは現在も使われているアイデアで、戦車部隊には主力戦車にドーザーブレードを取り付けた車両が一定数装備されている。さらに主砲をトーチカなどの陣地破壊に適した大口径砲に変えるなどした、工兵用の特殊戦車も登場した。こういった工兵が使う戦闘車両は、戦闘工兵車と呼ばれている。

またブルドーザーに装甲を施した、装甲ブルドーザーも開発された。民生品との大きな違いは装甲の有無に加えて、高い機動力を備えていることだ。現代の装甲ブルドーザーは、部隊の移動に追従できるように、時速50km/h前後の速度とそれなりの航続距離が与えられ、機動力を備えている。

現代の戦闘工兵車は、ドーザーブレードだけでなく、大きなショベルを付けたアームを装備するものも多い。最前線でもショベルアームの有用性は高い。穴や溝を掘って塹壕や戦車壕を構築する以外にも、敵が設置した障害物を突き崩したりクレーンの代わりにも使えるなど用途が広いからだ。

最前線での戦闘工兵の任務と専用車両

陣地の構築

壍壕など、味方が隠れる陣地を掘りバリケードや地雷原を設置し戦車壕を掘るなど防御施設を作る。

敵陣地の破壊

敵陣地を崩し、障害物を爆破などで除去して侵攻ルートを啓開する。

戦闘工兵車

敵の地雷の除去

地雷を誘爆させ、地雷原突破の経路を啓開する。

地雷処理装置

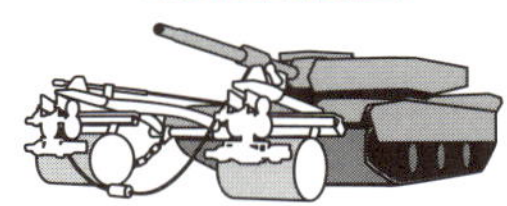

架橋

敵陣地の壕や小河川を渡るために、臨時の橋を架ける。

架橋戦車

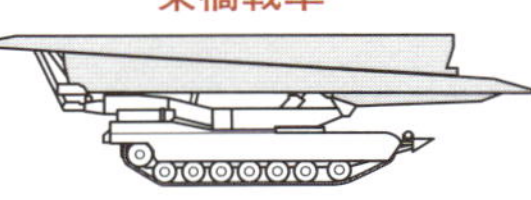

現代の戦闘工兵車

施設作業車
（日本：1999年）

ドライバーとオペレーターの2名で操作。

作業中に身を隠す煙幕弾発射器。

ドーザーブレード。

ショベルアームはクレーンの機能も兼ねている。

銃弾の直撃や砲弾の破片に耐えられる装甲。

時速50km/hで走行できるため、部隊に随伴して移動できる。

豆知識

●**工兵が扱った火炎放射戦車**→第二次大戦時には各国で、戦車を改造して火炎放射器を載せた火炎放射戦車が使われたが、多くは戦闘工兵が運用した。しかし射程が短いことから戦後には火炎放射戦車は廃れた。現在では人道的な批判も多いため、火炎放射器は戦闘でほとんど使われていない。

No.079

地雷を誘爆させて処理する特殊車両

埋没された地雷は軍用車両にとっての天敵。そこで地雷を処理する特殊装置を備えた車両が開発され、敵が埋めた地雷を爆破し除去する。

●地雷に直接刺激を与える方式と、爆薬で一気に爆破する方式がある

戦車などの装甲車両を破壊する目的で作られたのが対戦車地雷(No.095参照)。一定の重さがかかったり、磁気反応を感知したりして爆発する。埋められて設置されるが、多数の地雷を埋めて地雷原を作ることもある。

攻撃側は設置された地雷を処理して侵攻路を確保する必要が生じるが、敵前で処理するには危険が伴う。そこで地中に埋められた対戦車地雷を除去するための特殊装備が考案された。主力戦車の前部に地雷処理装置を取り付けて、地雷のあるルートを走らせ誘爆させて除去する。戦車を使うのは、地雷の誘爆に耐える装甲を持ち、敵の攻撃の中でも使えるからだ。

このタイプの地雷処理装置には幾つかの方式がある。まずもっとも単純なのが、重いローラーや鋼鉄製のタイヤで地雷を直接踏みつけるタイプ。また、鋤(すき)の歯が付いたブレードで地面を掘り返しながら進み、地中に埋没した地雷を根こそぎ排除するタイプもある。

こういった地雷処理装置は、アタッチメント式で既存の戦車の前部に取り付ける場合もあれば、地雷処理専用の車両が開発される場合もある。現在のアメリカ軍では、戦車の前部にローラー型の装置を付けたものと、マイン・プラウ(マインは地雷、プラウは鋤の意味)と呼ばれる鋤型の地雷処理装置を付けたものを2種類装備し、組み合わせて使っている。ただし地雷を誘爆させて処理するので危険が伴う。戦場以外の場所で地雷除去を行う場合は、無線操縦で動く**無人地雷処理装置**が使われることもある。

また、ロケット弾を使った投射型の地雷原啓開装置もある。ロケット弾の後ろに多数の爆薬ブロックが連なるワイヤーが繋がり、地雷原に落下させて爆発させることで、一定範囲の地雷を一気に除去する仕組みだ。自衛隊が装備している『92式地雷原処理車』は、この方式の地雷処理装備だ。

戦車の前面に装着して使う地雷処理装置

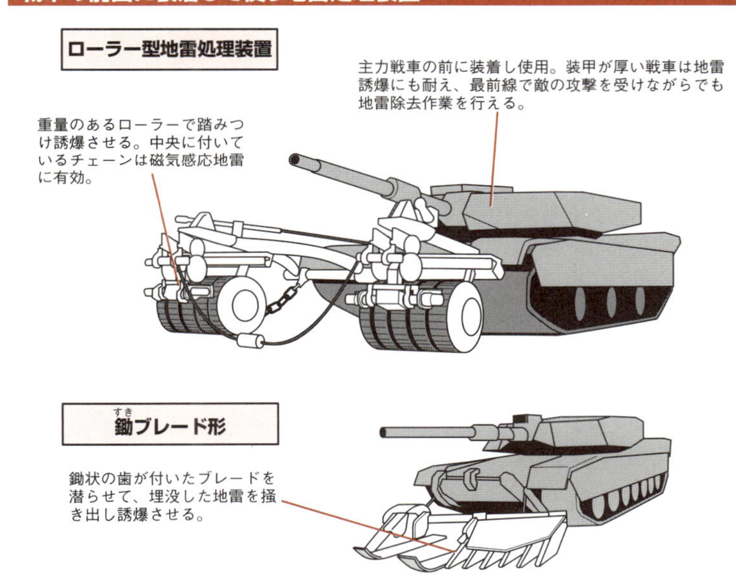

投射型地雷処理装置

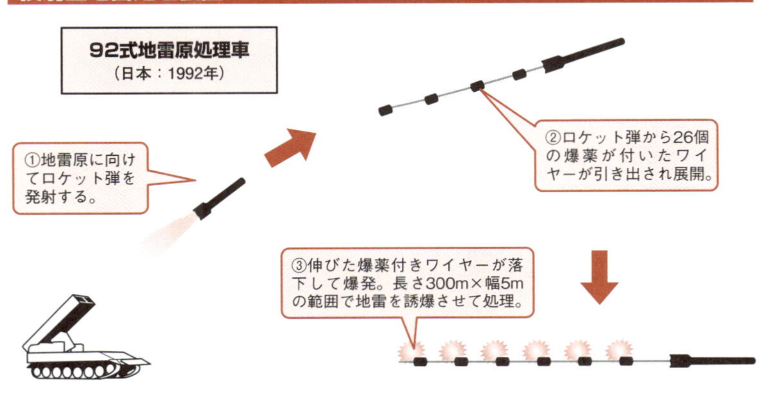

用語解説

●**無人地雷処理機**→21世紀に入りイラクやアフガニスタンでは遠隔操作でIED（路肩爆弾）を除去する小型の無人ロボットが実用化されている。その代表格の『タロンEODロボット』や『IRobotパックボット』は、1m程度の小型装軌車両に遠隔操作用のアームを備え、爆弾を除去する。

No.080

戦場に橋を架ける架橋車両

戦車の進撃を阻む戦車壕を乗り越えるために架橋戦車が開発された。また河川に短時間で浮橋を架ける装備も開発されている。

●最前線の壕に戦車が渡れる橋を架ける

戦車が登場した第一次大戦から、阻止する手段として戦車が越えられない幅の対戦車濠を設ける手法が用いられた。その対抗策としてイギリス軍が編み出した戦法が、戦車の上に柴の束を載せて対戦車壕に落として、壕を渡るための足場とするもの。これが架橋車両の元祖といえる。

やがて第二次大戦になると、本格的な戦車橋を車体に載せ戦場で仮の橋を架ける専用車両が開発された。ドイツ軍は『Ⅳ号戦車』の車体にスライド式の戦車橋を載せた架橋戦車や、『Sd.kfz.251』ハーフトラックに橋板を載せた装甲工兵車を装備。一方イギリス軍は、『チャーチル歩兵戦車』の車体前部に上げ下ろしのできる戦車橋を装着した『SBG架橋戦車』を開発した。日本陸軍も二つ折りにした戦車橋を載せた戦闘工兵車『装甲作業機乙型』を開発し、最前線で戦車や軍用車両の進路を築く任務にあたった。

現代も架橋戦車は装備されている。最前線で使えるように装甲された装軌車両をベースに、展開すると20m超の長さになる戦車橋を載せている。

●広大な河川に浮橋を短時間で架ける装備

幅の広い河川を渡河するためには、仮設橋を迅速に設置する装備が開発されている。現在、自衛隊で装備されている『07式機動支援橋』は、橋を架けるための架設車と橋材を運ぶ車両(7tトラックがベース)を合わせて計11両が1セットで、約2時間で戦車にも耐える60mの橋を設置できる。

また、さらに長く水量が多い河川の場合は、フロートを連結させてその上に仮設橋を架ける方法がポピュラーだ。自衛隊の『92式浮橋(ふきょう)』は、橋節(フロートユニット)14基と流れの中でフロートを支える7艘のボートなど、計23両のトラックが1セット。最大104mの浮橋を3時間以内に設置できる。

最前線に橋を架ける架橋戦車

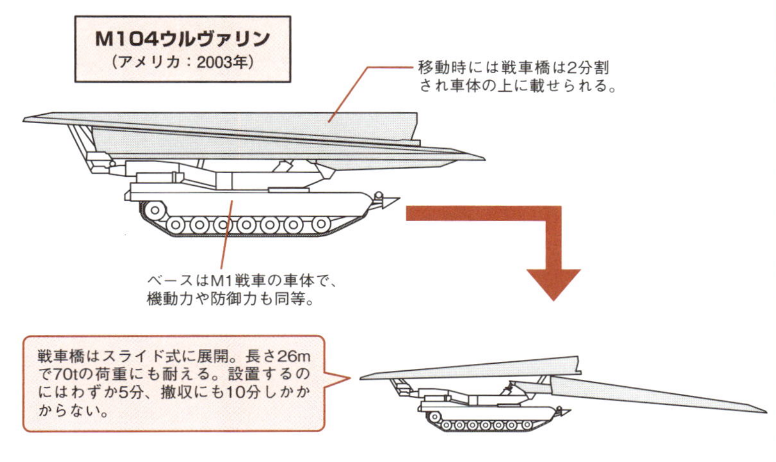

フロートを連ねて浮橋を架ける

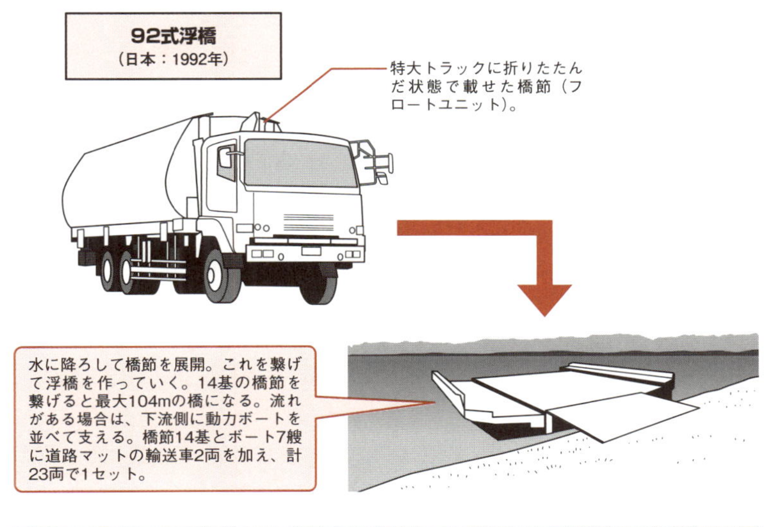

用語解説

●**車体が浮船**→戦後に考案され装備化されたのが、水陸両用車の車体そのものが浮船となる方式だ。船型の車両がそのまま河川に入って浮船となり、その背中に橋板を載せて仮設橋となるものだ。しかし車体が大型化してかえって効率が悪く運用が難しいことから、現在は廃れてしまっている。

No.081

見えない大量破壊兵器に対処するNBC偵察車

大量破壊兵器といわれるのは核兵器や放射能兵器と生物兵器、毒ガスなどの化学兵器。その環境下で行動し調査を行うのがNBC偵察車だ。

●毒ガスだけでなく放射能や生物兵器にも対処するNBC偵察車

見えない殺戮兵器ともいえる毒ガスが実戦に使われたのは、第一次大戦のこと。第二次大戦後には核兵器の登場による放射能汚染が想定され、さらに細菌などの生物兵器への対処も求められるようになった。

こういった核兵器・放射能兵器(Nuclear)、生物兵器(Biological)、そして化学兵器(Chemical)といった、目に見えない大量破壊兵器を総称してNBC兵器と呼ぶ。現代の戦車や装甲車の多くは、NBC環境下でも行動できるような機密性と構造を備えている。

毒ガスなどの化学兵器を検知する技術は第二次大戦で発展し、検知装置が車両に載せられ使われた。これが戦後に対化学兵器専用車両に発展する。さらに対放射能と対生物兵器も対象としたNBC環境に対して、その中で活動して影響を検知し、危険度を調査するNBC偵察車両へと進化した。

現代のNBC偵察車両は、高い気密性と対NBC性能を持ち、NBCの状況を調査する様々な環境センサーを備える。また車内にいながらサンプルを採集するような特殊装備も必携だ。現在、正式配備されているのはドイツの『M93フォックス』(フクス6輪装甲車ベース)、アメリカの『M1135NBCRV』(ストライカー8輪装甲車ベース)、それに日本の『NBC偵察車』の3機種だ。

唯一の核被爆国である日本では、1960年代に装軌式の『60式装甲車』を改造して、放射能と化学兵器の検出装置を搭載した『化学防護車(初代)』を開発。さらに1985年には、6輪の『82式指揮通信車』を改造した『化学防護車(2代目)』を装備してきた。最新の『NBC偵察車』は生物兵器にも対応し、高度なセンサーや検知・調査装置を積むため、より大型で機動力が高い8輪装甲車として新規開発。核爆発による中性子線への防護対策も施されている。2010年度から配備が始まった最新装備だ。

NBC兵器とは?

NBC兵器 大量破壊兵器ともいわれ、国際法で厳しく規制されている!!

核兵器・放射能兵器
(Nuclear)

核爆発を起こす核兵器(核爆弾)は放射能汚染も深刻。核物質そのものを使った放射能兵器もある。

生物兵器
(Biological)

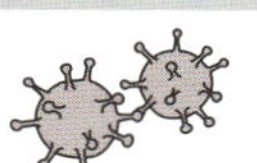

病原性の細菌やウイルスで人や生物を狙う大量破壊兵器。細菌が出す毒素も生物兵器に含まれる。

化学兵器
(Chemical)

毒ガスなどの有害な化学物質を使った兵器。サリンやマスタードガス、VXガスなどが有名。

※核爆発による核兵器(Nuclear)と、爆発は伴わず核物質を撒き散らす放射能兵器(Radioactivity)を区別して扱い、NBCR兵器と呼ばれることもある。

NBC環境下で状況を調査するNBC偵察車両

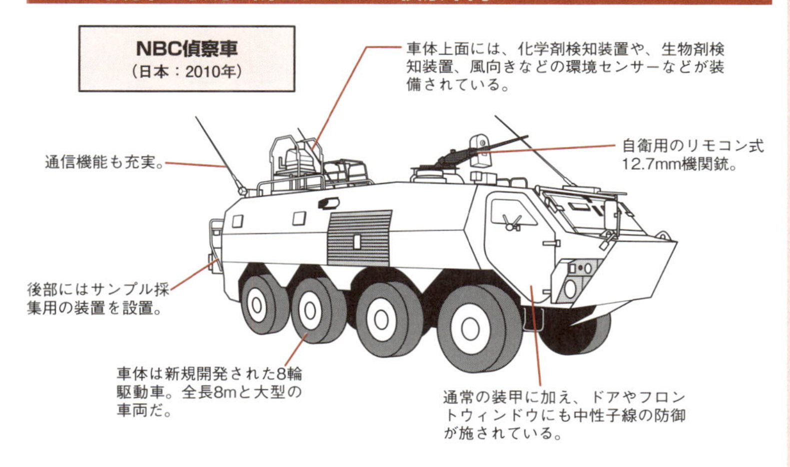

豆知識

●**自衛隊のその他の装備**→生物兵器に専用に対応する『生物偵察車』も2004年から少数配備された。これを『化学防護車』と統合させた装備が、『NBC偵察車』となる。この他に、毒ガスの拡散などの監視を行う『化学監視装置』もある。サリン事件を経験している日本ならではの体制だ。

No.082

火災や除染に対応する車両たち

火災や化学被害など、事故や攻撃でダメージを受けた場合に、ダメージコントロールを行い、被害を最小限に抑える装備も軍隊では重要だ。

●燃料などの特殊火災に備えた化学消防車

軍隊では、弾薬庫や燃料貯蔵施設など可燃物や爆発物を扱う施設が多く、いざというときの火災に備えて様々な消防車が配備されている。その多くは民生品を流用しているが、中には軍隊ならではの装備もある。

特に燃料などの特殊火災に対応するのが、化学消防車だ。水だけでは消火できない火災に対処するには欠かせない装備だ。化学消防車が散布するのは、油脂系の火災に効果が高い液体化学消火剤や、市販の消火器にも使われる粉末化学消火剤など。例えば陸上自衛隊では、『液体散布車』と『粉末散布車』の2種類の化学消防車を装備し、場合により併用する。

また、航空機事故の多くは離発着時に起こるといわれている。そこで空港や航空基地に配備されるのが、超大型の消防車だ。飛行場内でのみ使われる装備のため、車幅などが交通法規で規制される一般道路での制限を考えなくてすむ。そのため、より大型の水タンクを備えた消火能力の高い車両が導入される。現在、陸海空自衛隊の航空基地で『救難消防車』として運用されるうち最大のものは、アメリカ・オシュコシュ社製の『ストライカー』という大型消防車。1万2500ℓの水タンクと850ℓの薬剤タンクを備える。

●汚染を洗い流す除染用車両

化学薬品などに汚染されたエリアでは、除染作業を行って薬品などを洗い流す必要がある。そこで除染専用車両も配備されている。自衛隊が装備している『除染車3型(B)』は、2500ℓの水タンクを持つ散水車。散水する水を45℃まで加温でき、除染効率を高める工夫がなされている。また、汚染された装備や車両を洗い流す放水銃も備える。ただし車両にはNBC防護がなされていないため、乗員は防護服を着用して除染作業にあたる。

軍隊で使われるのは化学消防車

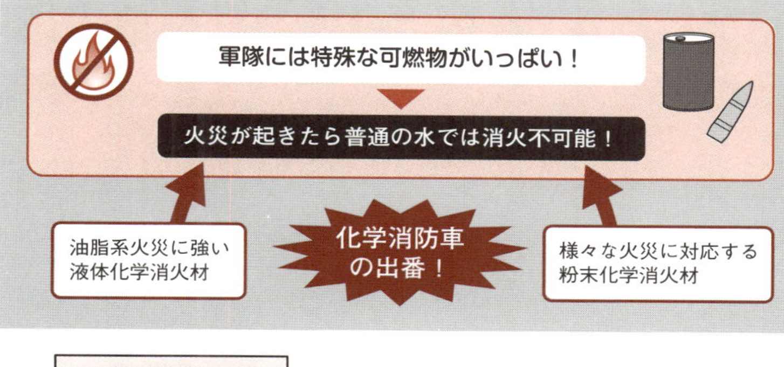

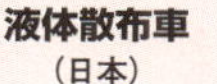

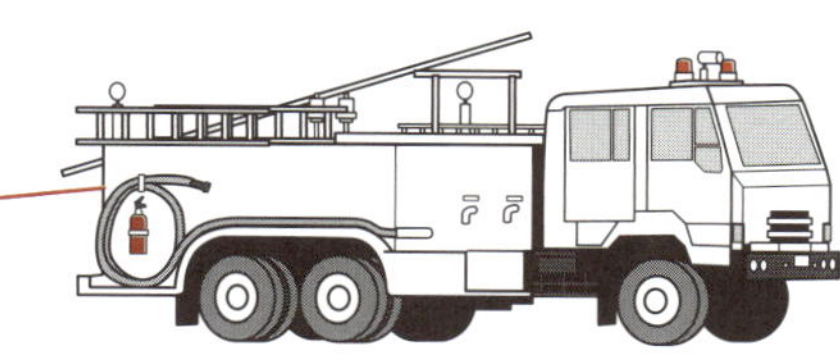

除染を行う専用車両

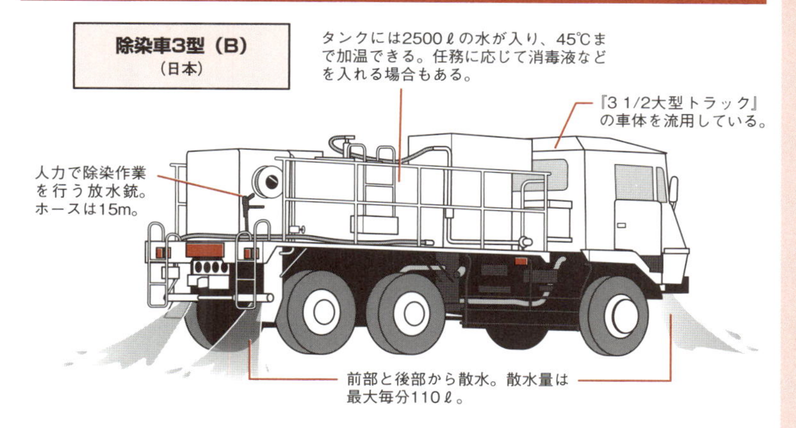

豆知識

●**防護服**→軍隊でも火災現場で働く消火要員は、耐火耐熱性の高い火災防護服を用いる。また化学兵器や生物兵器の汚染に対応する場合は、全身を覆う防護衣とガスに対応する防護マスクを併せて使う。さらに実戦部隊向けに開発された、迷彩が施された戦闘用防護衣も用意されている。

No.083

負傷した兵士を後方へ送る野戦救急車

戦闘で負傷した兵士をいち早く治療できる場所まで移送することは、軍にとって重要な任務。そこで戦場で活躍する野戦救急車が生まれた。

●軍隊の必然性から生まれた救急車

救急車を初めて使ったのは軍隊だった。19世紀初頭のナポレオン戦争やアメリカの南北戦争で、戦闘による負傷者を素早く移送する必要から、戦傷者専用の荷車や馬車を導入したのが始まりだ。やがて1864年のジュネーブ条約の締結により、戦場での傷病者保護の立場から赤十字社と赤新月社(イスラム圏)が誕生。以後は戦場の救急車には赤十字・赤新月マークが大きく描かれるようになった。この他にイスラエルの「赤い六芒星(ダビデの赤盾)」など、一部の国では別のマークが使われることもある。

やがて自動車の時代になると、軍用の救急車が誕生する。第一次大戦中の1917年には、アメリカ軍が初期の大ヒット大衆車である『T型フォード』を改造した救急車を導入している。やがて第二次大戦時になると、各国でトラックなどを改造した野戦救急車が使われるようになった。

ただし普通の装輪車両では、不整地での迅速な負傷兵後送が難しいこともある。そこで第二次大戦時のドイツ軍は、ハーフトラックをベースにした野戦救急車を装備。その他に旧式化した『I号戦車』の砲塔を撤去し、上部にタンカを載せられるようにして野戦救急車にしたものもあった。

中東戦争時のイスラエルでは、『M4シャーマン戦車』の砲塔を撤去した車体や自走砲の車体を流用し、タンカを収容できるように改造した『アンビュタンク(Ambutank＝救護戦車)』を開発。負傷兵救助に力を入れた。

現在では、負傷兵の移送にはヘリコプターを使うことが多いが、野戦救急車も使われている。特に戦闘中の最前線から負傷兵を後送する装甲野戦救急車は重要な存在だ。イギリスの『スコーピオン』軽戦車の車体を使った『FV104サマリタン』や、アメリカの『ストライカー』装輪兵員輸送車をベースにした『M1133ストライカーMEV』などがある。

赤十字社の誕生と野戦救急車の発達

19世紀に、戦場から負傷者を運び出す専用の馬車や荷車が登場。救急車の元祖！

1864年にジュネーブ条約締結！　赤十字社と赤新月社が誕生する。

1917年、アメリカ軍が『T型フォード』を改造した野戦救急車を開発し戦場に投入。

第二次大戦になると、装甲車両をベースにした装甲野戦救急車が登場する。

赤十字マーク▶

赤十字

赤新月

ダビデの赤盾

新旧の野戦救急車

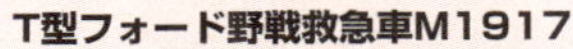

T型フォード野戦救急車M1917
（アメリカ：1917年）

FV104サマリタン装甲野戦救急車
（イギリス：1970年）

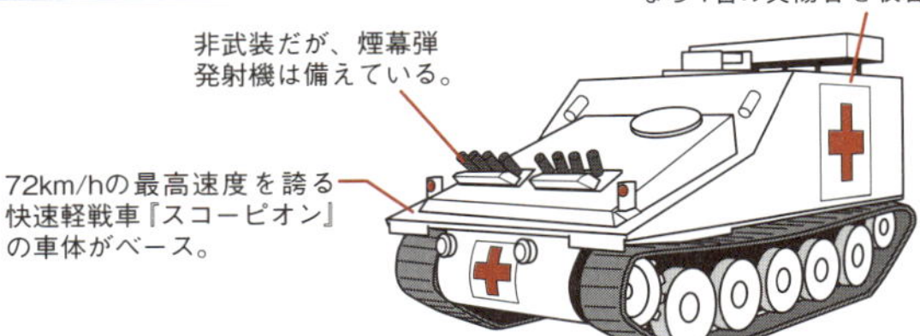

豆知識

●**野戦病院装備**→自衛隊では、トレーラーやコンテナに医療装備一式をセットした『人命救助システム』があり、災害派遣で活用されている。また手術車、手術準備車、滅菌車、衛生補給車、発電車、浄水車で1セットとなる『野外手術システム』も装備されている。野外での開腹手術も可能だ。

No.084

野外での食生活を支えるフィールドキッチン

軍隊では兵士の士気を保つことが重要視されている。特に人間の生活の基本となる「食」の充実は、古来より重要なテーマとされてきた。

●兵士の士気を保つために、野外でも温かい食事を提供する

野外で兵士に温かい食事を供給するために、牽引式のトレーラーや車両に調理器具を組み込んだ装備は『フィールドキッチン』と呼ばれている。登場したのは19世紀で、最初は馬で引く荷車に煮炊きのできる窯を備えたもので、20世紀になると各国の軍隊で取り入れられた。

興味深いのは、国々の食生活に合わせた調理方式に対応していること。例えば、第一次大戦で登場したドイツ軍のトレーラー式のフィールドキッチンは、シチューなどの温かい煮込み料理を作るための圧力釜とオーブンが備えられていた。同様の装備は、第二次大戦ではソ連などを含む各国で広く使われている。一方で旧日本軍が中国大陸で使っていた『九七式炊事車』には、煙を出さずにご飯を炊き上げる電気式炊飯器が12個備えられ、1時間に最大500食分のご飯を提供できた。さらに汁物を沸騰する電熱鍋も備え、ご飯と味噌汁という日本ならではの食事に対応した車両だった。

現在でもこういったフィールドキッチンは、各国で使われている。例えば調理器具不要のコンバット・レーション(野戦食)が発達しているアメリカ軍であっても、平時に野外で食事を摂る場合は『モバイルキッチントレーラー』を使用する。オーブンやグリルを備え、ステーキなどの焼き物も調理可能。大型のコンテナタイプでは、1日に最大800食の提供が可能だ。

また、陸上自衛隊ではトレーラータイプの『野外炊具1号』を装備している。6つの灯油を燃料とした窯を持ち、炊飯や煮物・揚げ物などを調理するのに使われる。すべて炊飯に使えば一度に600名分を炊くことも可能。隊員の食事提供だけでなく、災害地での炊き出し支援にも活躍している。さらに5000ℓのタンクで飲料水を運ぶ『3 1/2水タンク車』や、1000ℓ入る『1t水タンクトレーラー』、食材を運ぶ冷凍冷蔵車なども装備されている。

国ごとの食生活に応じたフィールドキッチンの機能

●ヨーロッパでの温かい食事といえば？

→ 肉や野菜を使ったシチューなどの煮込み料理！

第二次大戦時のフィールドキッチン
（ドイツ）

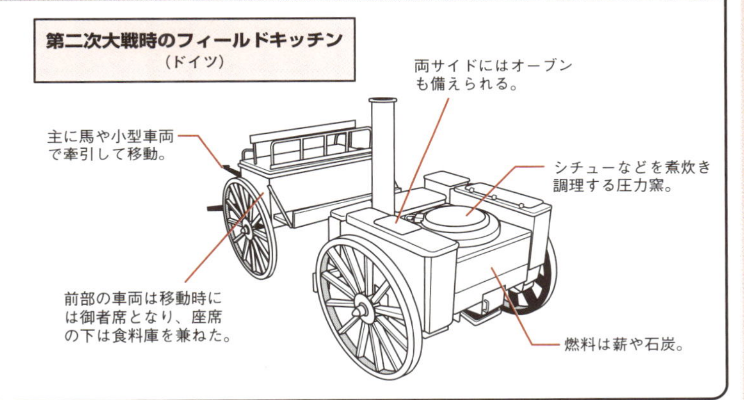

●日本での温かい食事といえば？

→ なんといってもホカホカの白飯！

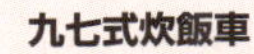

九七式炊飯車
（日本：1937年）

豆知識

●**その他の生活支援装備**→現在の自衛隊には、食以外の生活支援装備もある。東日本大震災のさいにも使われた『野外入浴セット2型』は、ボイラーやポンプ、発電機を備えたトレーラーと、浴槽や天幕などをセットにしてトラック1台で運ぶ。また洗濯乾燥機を備えた『野外洗濯セット2型』もある。

No.085

特殊な環境に特化した車両

普通の車両では走ることが難しい湿地帯を走るためのアイデアを盛り込んだ専用車両があった。また雪原専用の雪上車も特化した車両だ。

●湿地帯を走るフロート式履帯を備えた湿地車

第二次大戦前、満州に駐留した日本軍は、北満州地域に広がる大湿地帯で行動できる『湿地車』を開発した。湿地でも沈まずに走り、水上航行も可能にしたそのアイデアとは、両側にある幅広の履帯(りたい)をゴムの浮袋を連ねて作り、その浮力で車体を浮かせるという驚くべきもの。草地や泥濘地は履帯で進み、水上は後部に備えたスクリューで推進力を得た。試作車は予定どおりの性能を発揮した。履帯では時速17km/h、水上では8km/hで進み、兵員や武器を積んだソリを牽引して湿地帯の足として使われ、終戦までに146両が作られた。さらに冬場には雪上でも行動が可能だった。

実は、このアイデアを生かした車両(船？)が、現在アメリカで開発されている。『UHAC(Ultra Heavy-lift Amphibious Connector)』と名付けられた揚陸艇で、フロート式の履帯を備えて海上からビーチにそのまま上がってこようというもの。外見も『湿地車』によく似ている。

●雪原を走る雪上車

雪上車の歴史は、1912年のスコット南極探検隊が使用した装軌式トラクターに始まる。その後、幅広の履帯を備えた装軌車両や、前輪をソリに換えたハーフトラック型なども生まれた。雪原を軽快に走る雪上車は、雪に沈み込まないように履帯の接地圧を低くしなければならない。そこで普通の装軌車両よりもかなり幅広の履帯が使われている。

日本でも1952年に大原鉄工所というメーカーが開発に成功し、翌年には自衛隊前身の保安隊に採用。北海道や東北といった雪国で活躍し、南極観測でも使われている。車体の基本構造は民生品と同じで非装甲だが、自衛隊が装備する雪上車は、全身が白を基調とした雪原迷彩で塗られている。

湿地に特化した浮く履帯を備えたアイデア車両

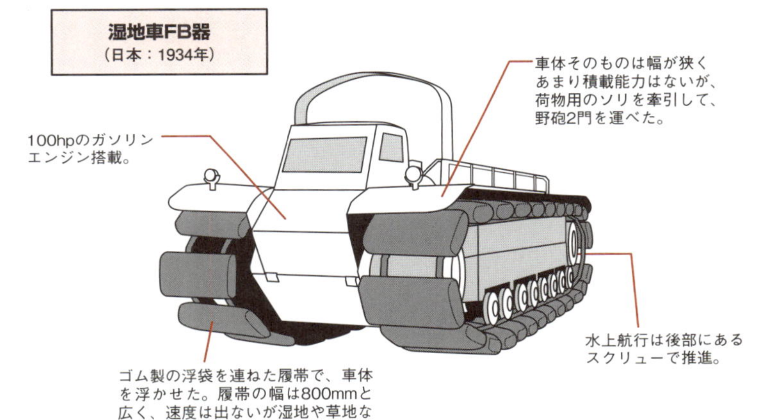

幅広の履帯で雪上を走る雪上車

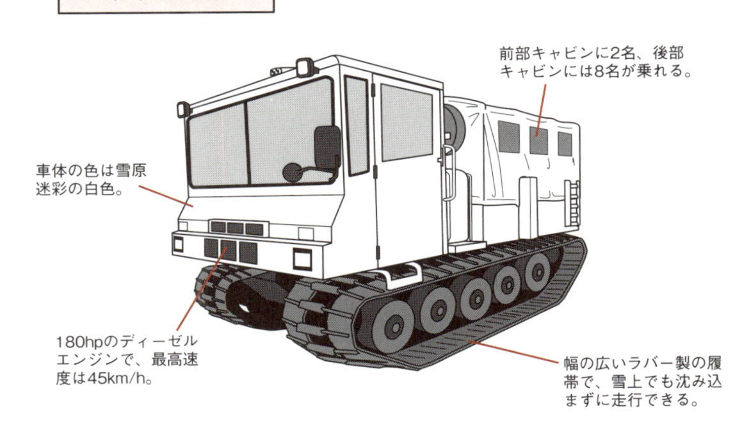

豆知識

●**雪上のオートバイ**→オートバイ型のスノーモービルも、雪上の軍用車両として使われる。日本では、1987年から『軽雪上車』の名前で装備化されている。基本構造は民生品と同じだが、車体後部に荷物を積めるキャリアが取り付けられ、装備や予備燃料が積めるようになっている。

No.086

偵察任務に活躍する軍用オートバイ

手軽で機動力の高いオートバイは、第一次大戦時から使われた。第二次大戦ではサイドカーが活躍したが、今はオフロードバイクが中心だ。

●機動力を生かして偵察任務で重宝されるオートバイ

エンジンを積んだ2輪車・オートバイが誕生したのは、20世紀初頭のこと。騎兵の馬の代わりに第一次大戦時から使われ始め、第二次大戦でもオートバイやサイドカーが偵察や伝令で活躍した。当時の代表的な軍用オートバイには、アメリカの『ハーレー・ダヴィッドソンWLA』や『インディアン・チーフ』、イギリスの『BSA M20』ドイツの『BMW R75』、などがある。

中でも目覚しい活躍を見せたのは、『BMW R75』や『ツェンダップKS750』といったドイツ軍のサイドカーだ。第一次大戦の敗戦により、軍用車両の製造を制限されていたドイツは、最大3人まで乗れるサイドカーを汎用車両の不足を補うために大量に装備した。特に大戦中に製造されたモデルは軍用に専用設計され、側車の車輪も駆動する2輪駆動で機動性が高かった。機関銃も装備できるなど重武装で、偵察や伝令だけでなく主力部隊の側面援護や後方撹乱などにも使われた。しかし、やがて小型汎用車両にその任務を譲ることになり、戦後になると軍用サイドカーは姿を消した。

現在では、オフロードバイクをベースにした軍用オートバイが主に偵察任務で使われている。その多くは民生品をベースにして、カラーリングを変えるなどの小改造を施したもの。自衛隊では空冷250ccの『XLR250R』など、長らくホンダ製のオフロードバイクを使用してきたが、2001年からは水冷250ccの『カワサキKLX250』が導入されている。

一方アメリカ軍では、従来はガソリンエンジン搭載のオフロードバイクを使っていた。しかし現在は、『カワサキKLR650』をベースに軍用に開発されたディーゼルエンジンを搭載したオフロードバイク『M1030M1』を導入している。これは軽油だけでなく『M1戦車』に使われるガスタービン用燃料(JP-8)も使うことが可能で、軍の燃料補給体系に沿ったものだ。

軍用オートバイの歴史

●19世紀　馬に乗った騎兵が偵察や連絡任務に活躍。

●1910年ごろ　アメリカや欧州で、軍にオートバイやサイドカーが導入される。

●第二次大戦
軍用サイドカーの全盛期。特にドイツ軍では、偵察や連絡以外に3人乗りの汎用車両として使われた。

●第二次大戦後
軍用サイドカーの任務は、小型汎用車両に取って代わられ姿を消す。

●第二次大戦後
偵察用部隊用としてオートバイが使われる。1960年代以降はオフロードバイクが主流となる。

●2003年～
アメリカ軍がディーゼルエンジンを搭載した軍用オートバイを採用。

第二次大戦で活躍した軍用サイドカー

BMW R75
（ドイツ：1940年）

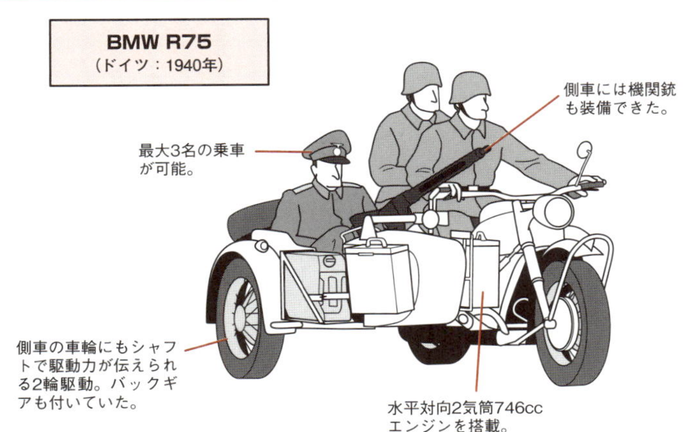

豆知識

●**和製ハーレーの『陸王』**→輸入していたアメリカのハーレーのオートバイを1934年から日本国内ライセンス生産したのが『陸王』だ。1937年には、『陸王九七式側車付自動二輪車』が陸軍に正式採用された。側車の車輪も駆動する2輪駆動方式だが、側車を切り離しオートバイ単体でも使えた。

今も活躍する軍用自転車

2つの車輪を持ち人力を動力源として動くのが、我々にも馴染みの深い自転車だ。自転車もまた、軍用に使われてきた歴史がある。自転車の原型である2輪で地面を足で蹴って動く『ドライジーネ』が、フランス人のドライス伯爵によって作られたのが1817年。1861年には前輪にペダルクランクを直結した『ミショー』型自転車が、フランスで誕生している。これを1870年の普仏戦争にて、フランス軍が伝令や斥候に使ったのが、軍用の始まりだ。その後、1880年に南アフリカで起こったボーア戦争でも、イギリス軍が自転車部隊を使ったとされている。

現在のような、空気入りのタイヤを備えチェーンで後輪駆動する実用的な自転車が誕生したのは、19世紀終盤のこと。欧米各国の軍隊では、早々に騎兵隊や歩兵部隊直属の偵察連絡用途などの導入実験を行ったが、同時期に登場した自動車の導入が優先され、注目度は低かった。それでもボーア戦争で実績を積んだイギリス軍は、国土防衛任務を担う部隊に、最盛期で14個大隊もの自転車部隊を配備。第一次大戦時には、その一部が大陸の戦場でも使われた。しかし自動車の導入が進んだ結果、1922年にはイギリス軍自転車部隊はすべて解隊された。

一方、国内に山岳地帯を持つイタリア軍は、歩兵部隊の一部に折りたたみ自転車を備えた部隊を配備。自転車で移動できる場合は乗り、不可能な山道は背負って運ぶような運用で、偵察任務に活躍。第二次大戦でも使われている。ドイツ軍でも、第一次大戦から自転車部隊を配備。第二次大戦中には携帯式対戦車兵器を備えた対戦車部隊の足として攻撃任務にも投入され、成果を上げている。燃料不足でも使える機動戦力として投入されていたのだ。

また、日本陸軍の「銀輪部隊」も有名だ。太平洋戦争初期の1941年、マレー半島攻略戦に投入された歩兵部隊が、戦前に日本から輸出され現地に普及していた日本製自転車を徴用。わずか55日間で1100kmを踏破し、シンガポール攻略を果たす快進撃の一翼を担った。この活躍に日本の新聞が名付けたのが「銀輪部隊」だった。その後のフィリピン攻略でも、日本の「銀輪部隊」は活躍している。

機械化が進んだ戦後になると、さすがに自転車部隊は少なくなった。第二次大戦時は中立国であったスウェーデン軍も長らく自転車部隊を活用していたが、1952年に姿を消した。そんな中で1891年から山岳自転車部隊を備えていたのがスイス。偵察だけでなく対戦車部隊も配備され、1世紀に渡る歴史を刻んできた。しかしそれも時代の流れには勝てずに、2001年についに解隊されてしまった。

ところが現在もっとも機械化されているアメリカ軍で、空挺部隊の備品として『Paratrooper』という名前の折りたたみ式マウンテンバイクが装備されている。必要に応じて一緒に降下し、移動の足として重宝されている。現在はメーカーの「MONTAGUE」社から市販モデルも販売され民間人でも入手可能だ。この他、北朝鮮軍でも特殊部隊や軽歩兵部隊で、軍用自転車が運用されているようだ。

第4章
軍用車両を取り巻く諸問題

No.087

軍用車両のファミリー化とは？

軍用車両にはひとつのベース車両を元に多くの派生型を誕生させるファミリー化を行うことがあり、そこにはたくさんのメリットがある。

●ベース車体を共通化して、開発や生産、運用にメリットを生む

ファミリー車両とは、同一の車体をベースとして開発された、様々な派生型車両のことだ。例えば装甲兵員輸送車を最初に開発し、その車体に砲やミサイルを積んで数種類の自走砲を開発するようなケースだ。

ファミリー車両が作られる理由は、装備計画や運用面で幾つものメリットがあるからだ。まず基本車体が存在するため、目的の違う装備を載せた派生型の開発が短期間で可能であり、開発費も抑えられること。ベース車体やエンジンが多く生産されるため、量産効果で1両の単価が安くなること。走行性能が同一のため、多種類の車両を一緒に運用することが容易いこと。整備や修理もパーツの多くを共通化できるため非常に都合がいい。

第二次大戦時にドイツ軍が大量に配備したハーフトラック式の『Sd.kfz.251』シリーズには、装甲兵員輸送車型をベースに、対戦車型、対空型、指揮車、装甲工兵車など、20以上のファミリー車両が存在した。

また、現在アメリカ陸軍で使われている装輪装甲兵員輸送車『M1126ストライカー』では、偵察車(M1127)、起動砲システム(M1128)、自走迫撃砲(M1129)、指揮通信車(M1130)、砲兵観測車(M1131)、装甲工兵車(M1132)、野戦救急車(M1133)、自走対戦車ミサイル(M1134)、NBC偵察車(M1135)と、実に10種類のファミリー車両を開発し配備している。

日本の自衛隊でも、車両のファミリー化は多く見られる。例えば70年代に開発された『74式戦車』には、同一の車体を使った『78式戦車回収車』など数種類のファミリー車両があった。また同時期に開発された『75式自走155mm榴弾砲（りゅうだんほう）』や『73式装甲車』などは、『74式戦車』に搭載した10気筒エンジンを6気筒や4気筒に縮小化して採用したため、一部のパーツの共通化が図られた。これも広い意味でのファミリー化といえるだろう。

ファミリー車両のメリット

ファミリー車両　同一の車体をベースに開発された派生型車両

戦車砲	対空ミサイル
ベース車両	ベース車両
迫撃砲	**対戦車ミサイル**
ベース車両	ベース車両

○メリット1
装備の違う派生型の開発が短期間で可能で開発費も抑えられる。

○メリット2
車体やエンジンの量産効果で、1両の単価が安くなる。

○メリット3
走行性能が同一のため、多種類の車両を一緒に運用することが容易い。

○メリット4
整備や修理でもパーツの多くを共通化できるため、非常に都合がいい。

多くのファミリー車両を持つストライカー装甲兵員輸送車

M1126ストライカー装甲兵員輸送車

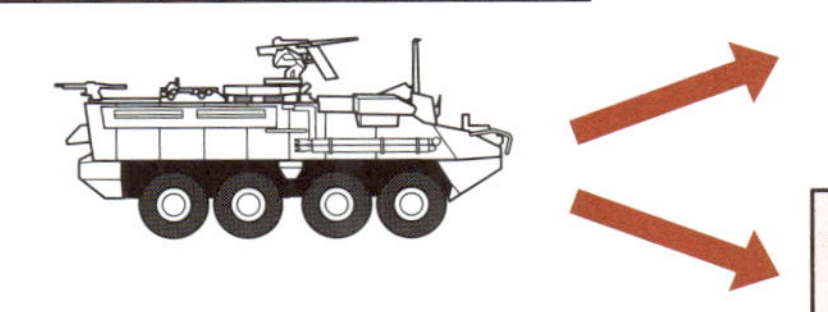

M1128ストライカー MGS
（105mm砲塔を装備した機動砲）

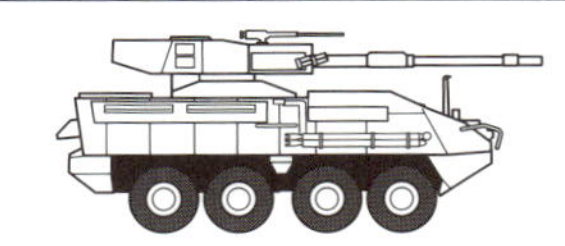

M1133ストライカー野戦救急車
（後部のキャビンを拡張）

この他に偵察車（M1127）、自走迫撃砲（M1129）、指揮通信車（M1130）、砲兵観測車（M1131）、装甲工兵車（M1132）、自走対戦車ミサイル（M1134）、NBC偵察車（M1135）がある。

豆知識

●**ファミリー車両のデメリット**→メリットの多いファミリー化だが、特殊な装備を積む車両の場合は、デメリットが生じる場合もある。ベース車両の能力やキャパシティに収めるという制約が存在するため、専用設計された車両に比べて特殊装備の性能や運用に制限が生じることもあるからだ。

No.088

軍用車両はどのように開発されるか?

軍用車両の開発には軍のニーズが優先される。しかし要素が多いために時間がかかり、開発コストも考慮に入れなければならない。

●軍用車両は専用開発されるが、民生品を生かすこともある

戦車や装甲車などの戦闘に特化した車両の多くは、軍専用に開発される。また使われる技術も、車体、エンジン、搭載する武器、装甲など多岐に渡り、それぞれに開発や製造を担当するメーカーが異なる場合もあり、開発には時間がかかる。そこで現在は、10年以上先を見据えてパートごとに研究開発が先行して進められる。それを軍の要求に沿って組み合わせ、ひとつの装備に仕立てる手法が一般的だ。一方で汎用車両、特にトラックや工兵が使う土木建設機械などは、既存の民生品を採用することも多い。民生品に軍用の装備を追加する程度の小改造で装備される。

こういった兵器の開発は、従来は軍の要求にしたがって国が直轄する公的な研究機関が行うことが多かった。軍事大国の多くは、こういった兵器工廠と呼ばれる機関を持っており、そこで自国の軍の条件に沿った兵器の開発を手がけている。現在の日本でも、防衛省の配下に「技術研究本部」と呼ばれる研究組織があり、将来を見据えた基礎技術開発から、開発が進んだ兵器の試作やテストを手がけている。

また民間の軍需企業や民間研究所が独自で研究開発を行うことも、今では珍しくない。巨大な軍需企業は元より、最近では軍事ベンチャー企業というべき中小規模の企業も軍用車両開発に参入している(No.089参照)。砲やパワーパック(エンジンや変速機)といった基本的な部分の開発は、基礎技術を持った大企業でなければ難しいが、主要パーツの大半を既存の製品を組み合わせて自社で試作車を作ることは、ベンチャー企業でも可能。結果として安価で優れた兵器に仕上がれば、採用されることもある。

また、自国内で開発する技術力がない国の場合は、他国の軍需企業から購入することになる。軍需産業は、世界規模のビジネスでもあるのだ。

現在の軍用車両の開発から装備まで

①軍による長期的な装備計画。10年以上未来を想定。

②車体や武器、装甲など個々の要素の研究開発。

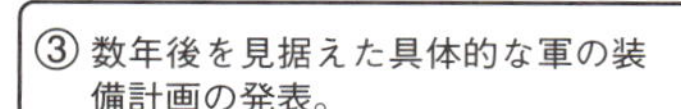

④軍の装備計画に対するメーカーによる提案と応募。

⑤第1次選考にパスした複数メーカーによる試作車両製作。

⑥軍や公的な機関による各社の試作車両のテスト。

⑦採用車両の選定決定！　勝ち抜いたメーカーに初期生産分を発注。

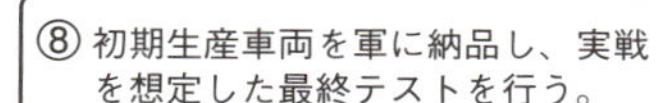

⑨最終テストにパスすれば正式に制式化。改良要求が出ることもある。

⑩国の予算と整備計画にしたがってメーカーが必要数を製造。

装備計画から実際に配備されるまで、10年以上かかることも珍しくない。

日本の公的開発機関

防衛省技術研究本部

防衛省内に設置された研究開発のための機関。陸・海・空の自衛隊が装備する主力装備品から防護服に至るまで、研究開発を一元的に行う組織。

主な業務

技術研究
先進的な兵器の基礎研究や、自衛隊のニーズに対応した装備の研究などを行う。

技術開発
研究した先進技術を取り込んだ、次期装備の具体的な開発と試作を行う。

試験と評価
開発した試作装備について性能試験を行う。海外から導入する装備の評価も担当。

豆知識

●**他国の製品を自国に合わせてカスタマイズ**→ひとつの兵器に対して、国によって要求する装備が違うことがある。そういった場合は、メーカー側が特定の国の要求にしたがってカスタマイズすることも多い。例えば戦車を輸入するさいに、通信装置をその国で使われている装備に交換するようなケースだ。

No.089

軍用車両はどんなメーカーが作るか?

軍用車両を作っているのは、ほとんどが軍需メーカーと呼ばれる民間企業だ。世界各国に存在しており、その企業の成り立ちも様々だ。

●様々な企業が軍用車両開発に関わる

軍用車両を開発し製造するのは、世界各国の軍需メーカーだ。戦車のように最先端技術の集合で限られたメーカーにしか作れない装備もあるが、汎用車両などは比較的ハードルが低く、多くの企業が開発に関わっている。

軍用車両の製造に関わるメーカーは大きく4種類に分類できる。まず車両以外にも航空機や艦船など様々な軍需品の開発製造を行う総合的な軍需メーカーだ。車両を扱っている総合軍需メーカーとしてはイギリスに本拠を持つ「BAEシステムズ」やアメリカの「ジェネラル・ダイナミクス(GD)」、日本の「三菱重工」もその範疇で、それぞれかなりの規模を持つ大企業だ。特に軍産複合体と呼ばれるような欧米の巨大メーカーは、幾つかの企業が吸収合併を繰り返し軍や国家機関とも密接な関わりを持ちながら成長してきた。その一部門が軍用車両を取り扱っている。

2つ目が、自動車製造や建設機器製造が母体のメーカー。ドイツの「ダイムラークライスラー」やフランスの「ルノー」、スウェーデンの「ボルボ」などで、日本の「トヨタ」も『高機動車』を生産している。また建設機器のトップメーカーである「小松製作所」や、アメリカの大型トラックメーカーである「オシュコシュ」なども、軍用車両を多く手がける。

この他、元々は国営の「造兵廠」と呼ばれる公的機関であったものが民営化した軍需メーカーもある。旧ソ連や東欧諸国、南アフリカなど新興国の軍事企業は、元が国営造兵廠だったケースが多い。中国の「北方工業公司(ノリンコ)」など、現在も半国営企業として活動するメーカーもある。

また近年増えてきたのが、軍需ベンチャー企業だ。軍用装備の開発を手がけてアイデアを各国に売り込み、生産は自ら行う他に、ライセンス権を売却し利益を得る。スイスの「モワグ」社などが成功例として知られている。

軍用車両を生産する、様々な軍需企業

総合軍需メーカー

複合的な巨大軍需企業で様々な兵器を開発生産する。

自動車・重機メーカー

民生品の自動車製造や建設機械製造が本業の民間企業。

造兵廠が民営化

国の造兵廠の車両製造部門が、その後の時代に民営化し軍需企業に。

軍需ベンチャー企業

アイデアを持った技術者が設立した中小企業。主に開発や試作を行う。

軍事ベンチャー・モワグ社の成功

モワグ社は、1950年に技術者であるウォルター・ルフ氏がプライベートベンチャーとして設立したスイスの会社。その後、軍用車両や民間向け緊急車両の開発で発展し、1970年代には、現在の装輪装甲兵員輸送車の手本となった『ピラーニャ』シリーズを発表した。箱型の車体に4×4、6×6や8×8の3種類の足回りを備えた『ピラーニャ』は、その先進的な設計により、スイス軍のみならず各国で採用された。その後ジェネラル・ダイナミクス社の子会社（GDLS）がライセンス生産権を取得し、アメリカ海兵隊に『LAV-25』として採用された。さらにその改良版として登場した『ピラーニャⅢ』は、GDLSによって『LAV Ⅲ』として生産されただけでなく、アメリカ陸軍の装輪装甲兵員輸送車『ストライカー』のベースともなった。現在、モワグ社の経営は巨大軍需企業であるジェネラル・ダイナミクス社の傘下に入ったが、ベンチャー企業であった同社が開発した『ピラーニャ』は、アメリカやスイスをはじめ世界18カ国で採用されただけでなく、その後の多くの装輪装甲兵員輸送車の手本ともなった金字塔的存在の車両だ。

豆知識

●**軍需企業も民生品を作る**→軍需企業の多くは、必ずしも軍需品だけを扱っているわけではなく様々。例えば軍需企業が合併して誕生した軍需産業体である「BAEシステムズ」は売り上げの95%が軍事関連といわれている。一方、日本の「三菱重工」の場合、軍用関連が占める割合はわずか10%程度にすぎないのだ。

No.090

軍用車両の近代化改修とは何か？

長い年月使われる戦車などの軍用車両は、旧式化すると近代化改修を施して、比較的安価な費用で性能をバージョンアップし使われ続ける。

●改修して一線で通用する能力を身に付ける

兵器に使われる技術は年々進歩し、登場したときは最新装備でも、年月がたてば旧式化して兵器としての価値が下がってしまう。そこで戦車のようにもともと頑丈に作られ車体だけなら長年使える兵器については、大規模な改修を行って、今後も通用するように近代化を図ることが多い。

戦車の近代化改修のポイントは、まず武装の強化と装甲の強化だ。第二次大戦時以後、旧式化した戦車の主砲をより強力なものに換装し攻撃力をアップ、増加装甲で防御力を増すことが試みられた。ただし、武器や装甲を強化することは大幅な重量増を余儀なくされるため、機動力の低下を招くことになる。その根本的な対策としてはエンジンをパワーアップするしかないが、費用対効果の問題からそこまで行う例は少ない。

戦車の徹底的な近代化改修を行ってきたのが、第二次大戦後に建国されたイスラエル。アラブ諸国との戦いの中で、旧式の戦車を近代化改修することで戦力の向上を図った。例えば第二次大戦で使われた『M4シャーマン』の75mm砲を、最終的には105mm砲に強化。ガソリンエンジンから、よりパワーがあり爆発炎上しにくいディーゼルエンジンに換えるなどしている。

現在では武装や装甲に加えて、FCS（射撃統制装置）の向上や通信機能の高度ネットワーク化など、デジタル機器のバージョンアップが近代化改修で重要視されている。ドイツの『レオパルトII』は、1978年に誕生した原型から時代ごとに近代化改修を繰り返し、2000年代に入ってからの大改修で、現在も3.5世代戦車として一線級の能力を維持。アメリカの『M1戦車』も改修を施して『M1A2』になり、最強のハイテク戦車と呼ばれている。

戦車ほどではないが、それ以外の軍用車両でも近代化改修を行うことはある。高価な新装備を新たに導入するよりも、比較的安価ですむからだ。

戦車の近代化改修のポイント

❶ 武装の強化

主砲をより強力なものに換装。砲身長を長くして威力を増すことが多いが、口径の大きい砲に換えてしまうこともある。

❷ 装甲の強化

簡易的には増加装甲を追加することが多いが、本格的な近代化改修では、砲塔ごと重装甲の新しいものに換える場合も。

❸ エンジンの強化

武装や装甲を強化した結果、重量増を招くと機動力が低下する。その対策にエンジンをパワーの高いものに換装する。

❹ デジタル機器の刷新

最新コンピュータを使ったFCSに換えて命中率を高め、ネットワーク対応の通信機器を備えて近代戦に対応する。

大幅に近代化改修を施した『レオパルトⅡ』

レオパルトⅡA4
（ドイツ：1985年）

『レオパルトⅡ』は、1978年に制式採用された代表的な第3世代戦車。『ⅡA4』は小改造が施されたバージョンだが、砲や装甲は初期モデルのまま。

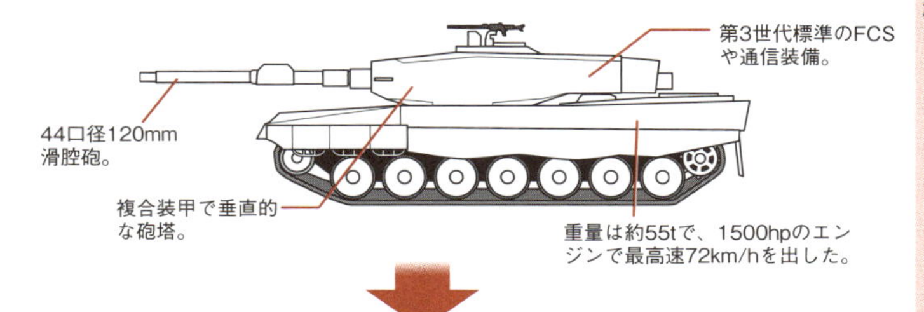

レオパルトⅡA6
（ドイツ：2001年）

1995年に既存の『ⅡA4』の砲塔を新型のものに換えFCSや通信装置を近代化した『ⅡA5』に改修。さらに主砲を換装した『ⅡA6』に改修し、3.5世代戦車に進化した。

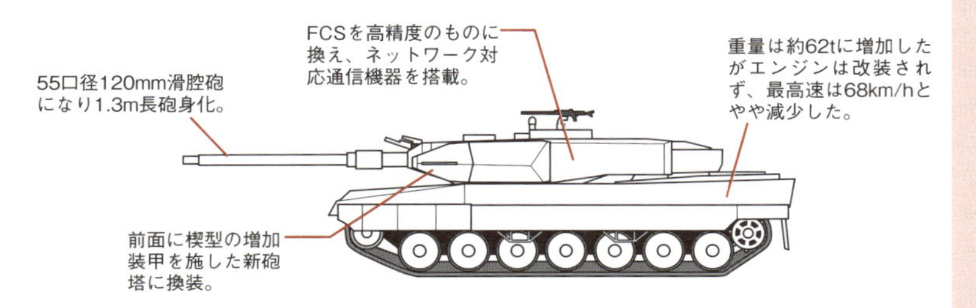

豆知識

●**近代化改修パッケージ**→イスラエルは『M60戦車』を大改修し、主砲を105mmから120mmに換装し砲塔を複合装甲のものに換えた『マガフ』として長く使用した。そのノウハウで『M60』の近代化改修パッケージを『サブラ』の名前で販売、トルコ軍が採用して自国の『M60』を近代化している。

No.091

現代戦のキーワード「C4I」とは？

現在の兵器体系において欠かすことができない要素が「C4I」。近年に発達したコンピュータ技術による高度なネットワーク化を意味する。

●指揮＋統制＋コミュニケーション＋コンピュータ＋インテリジェンス

軍隊の戦いとは、集団と集団の戦いだ。昔の騎士や侍の時代でも、一騎打ちの戦いは少数で、いかに集団戦を行うかが勝利への鍵になった。そこでまず重要視されたのが、「指揮(Command)」と「統制(Control)」だ。さらに情報の収集と活用が戦いの帰趨を決めることから「インテリジェンス(Intelligence)」も必須の条件となった。

近代になり無線式の通信機が発達すると、戦闘部隊が通信機を装備して情報の伝達が迅速に行われるようになり、「コミュニケーション(Communication)」が加わった。「Command、Control、Communication、Intelligence」の4要素の連携を「C3Iシステム」と呼ぶようになった。

1980年代に入りコンピュータが急速に発展し、軍事の世界にも広く取り入れられるようになると、4つ目のCとして「コンピュータ(Computers)」が加わり「C4Iシステム」となった。現在ではコンピュータによる通信機器や管制機器の発達に伴い、情報のネットワーク化を意味している。

第一次大戦に登場したときから集団による運用をされた戦車は、早くから「C3I」の概念が取り入れられた兵器だ。第二次大戦のころになると無線機が装備され、部隊内で音声によるコミュニケーションを取りながらの集団戦法が行われてきた。1990年代に入り、通信機器がデジタル化して「C4Iシステム」が導入され、部隊単位のネットワーク化が図られてきた。

現代では戦車だけでなく、兵員装甲車や自走砲などあらゆる戦闘車両が「C4I」化される方向にある。特に進んでいるのがアメリカ陸軍で、戦車を中心とした機甲師団だけでなく、緊急展開部隊であるストライカー旅団はすべての車両に「C4I」化がなされ、高度にネットワーク化されている。こういった車両搭載型の統合情報システムを「ヴェクトロニクス」と呼ぶ。

C4Iとは?

●軍隊が誕生して以来、集団で戦うために必要な「C2」。
「指揮(Command)」「統制(Control)」

●情報を制するものは、戦いを制する「I」。
「インテリジェンス(Intelligence)」

●電気工学の発展で通信機器が発達して欠かせなくなった「C」。
「コミュニケーション(Communication)」

●急激に発達しネットワーク化を実現した「C」。
「コンピュータ(Computers)」

C4Iシステム

部隊全体をネットワークで結ぶヴェクトロニクス

ヴェクトロニクス(Vectronics)
ビークル(Vehicle)とエレクトロニクス(Electronics)を合わせた造語。

C4Iによる高度なネットワーク化

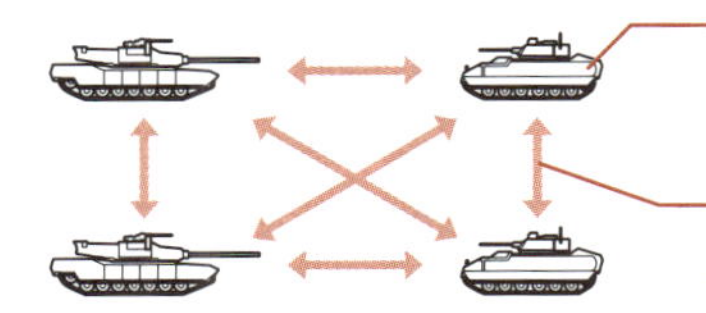

ヴェクトロニクスを搭載した戦車や兵員輸送車には、情報ディスプレイに部隊の全車両を繋ぐネットワーク情報が表示される。

ヴェクトロニクスを搭載した車両同士は、部隊単位で情報をリアルタイムに共有化できる。

豆知識

●**C4ISTARs**→近年では「C4I」に加えて、「監視(Surveillance)」や「目標捕捉(Target Acquisition)」、偵察(Reconnaissance)、といった要素が追加されている。これを総称して「C4ISTAR」システムと呼ぶこともある。現代の陸戦における情報の重要性を如実に表す言葉だ。

No.092

機甲部隊の戦い方

戦車を中心とした戦闘車両を多く配備した部隊が機甲部隊だ。機動力を生かして火力と装甲で圧倒する戦法で、陸戦の主役を担っている。

●機動力を生かして侵攻する機甲部隊

戦車が第一次大戦で初登場したときは、敵の陣地を突破する秘密兵器だった。その後様々な運用方法が試みられた結果、ドイツ軍が第二次大戦の緒戦でカンプグルッペと呼ぶ戦闘団を組織。戦車や装甲車両を集団配備した機甲部隊だ。戦車部隊を先頭に高速侵攻する電撃戦は、ポーランドやフランスを短期間に攻略。新しい戦術の威力を世界に知らしめた。

このように戦車を中心とした重武装で機動性の高い部隊のことを、機甲部隊と呼んでいる。機甲部隊には中核となる戦車部隊の他に、戦車に随伴して侵攻したエリアを確保する役割を担う、歩兵部隊も欠かせない。機甲部隊に所属する歩兵部隊は、専用の兵員輸送車やトラックなどに乗って、戦車部隊に追随できる機動力が与えられている。こういった車両による機動力を備えた歩兵は、「機械化歩兵」や「自動車化歩兵」と呼ばれている。さらに侵攻前に砲撃で敵のエリアを制圧する砲兵部隊も含まれ、大戦後期には自走榴弾砲(りゅうだんほう)を装備した機動力を持つ砲兵部隊が配備された。

機甲部隊の本領は攻撃で発揮される。機動力と火力や装甲を備え、敵の反撃を跳ね返しながら一気に侵攻し突破する戦い方は、機甲部隊ならでは。第二次大戦のドイツ軍は、装甲の厚い重戦車が楔型の先鋒にたって敵を蹴散らし、中戦車や装甲榴弾兵(機械化歩兵)を乗せた装甲兵員輸送車が続いて制圧するパンツァーカイルという戦法を編み出した。また防衛戦においても、機甲部隊が敵に先回りして迎え撃つ機動防御戦が編み出された。

一方で弱点もあり、機動力を生かすためには大量の物資補給が必要。特に車両を動かす燃料の補給が欠かせない。燃料の尽きた機甲部隊の末路は哀れで、動かなくなった車両を捨て徒歩で撤退するはめになる。機甲部隊が継続的に活躍するには、補給部隊などの兵站(へいたん)維持が不可欠だ。

第二次大戦時のドイツ機甲部隊の陣形

パンツァーカイル
（楔型陣形）

戦車部隊で敵陣を一気に突き崩すときに使われた、ドイツ軍が編み出した戦法。

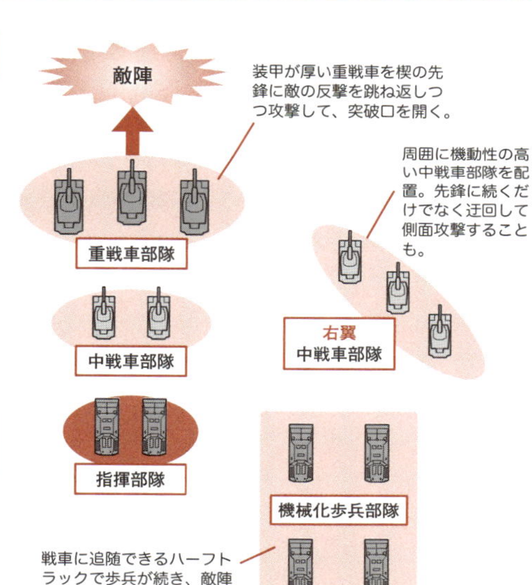

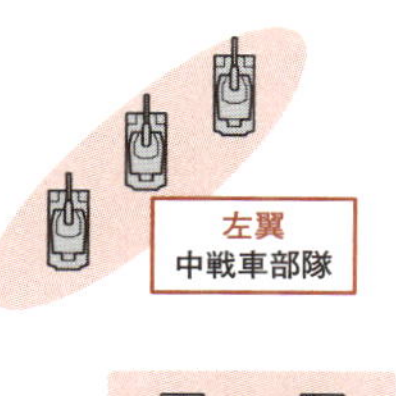

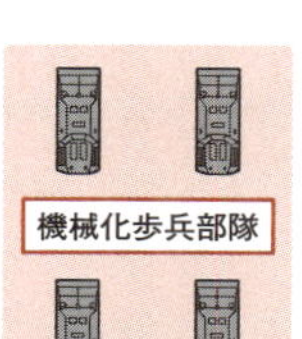

装甲が厚い重戦車を楔の先鋒に敵の反撃を跳ね返しつつ攻撃して、突破口を開く。

周囲に機動性の高い中戦車部隊を配置。先鋒に続くだけでなく迂回して側面攻撃することも。

戦車に追随できるハーフトラックで歩兵が続き、敵陣で下車し掃討して確保する。

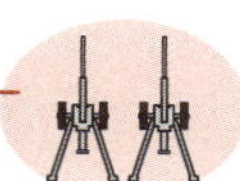

砲兵は後方から支援。後期には機動性が高く随伴できる自走砲も投入された。

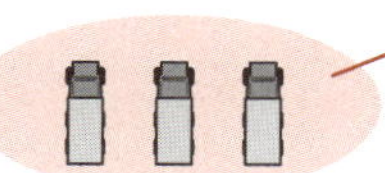

補給部隊は後方待機。戦闘が終わってから合流する。

機甲部隊の高い機動力は諸刃の剣

機動力の強み

- 敵の防御が整う前に、先手を打って攻撃することができる。
- 正面突破が難しいときは、迂回するなどして敵の弱いところに回り込むような戦法も機動力があればこそ。
- 防衛行動時でも、自陣を突破してきた敵部隊の前に先回りして対処する、機動防御戦法で効力を発揮する。

機動力ゆえの弱点

- 1隊だけが突出して敵陣を突破してしまうと、突破後に後方に回り込まれて、気が付いたら敵の中に孤立する可能性が高い。
- 燃料や弾薬を通常の軍より多く消費する。特に燃料欠乏は命取りで、補給部隊が追いつかずに途絶えたら、行動が止まり戦わずして戦力喪失する。

豆知識

●**機甲部隊の威力を示した中東の戦い**→第二次大戦で生まれた機甲部隊の威力は、その後にイスラエルがアラブ諸国と戦った中東戦争でも遺憾なく発揮された。またアメリカとイギリスを中心とした多国籍軍とイラクが戦った湾岸戦争やイラク戦争でも機甲部隊が活躍し、真価を再認識させた。

No.093

機甲部隊の編成

戦車を主力兵器に据える機甲部隊だが戦車以外の軍用車両も数多く配備されている。戦車の威力を発揮するには様々な支援が不可欠だ。

●部隊全体に高い打撃力と機動力が与えられる機甲師団

戦車や装甲車を要する機甲部隊の最小単位は、「小隊」が用いられる。戦闘車両は単独で行動することはむしろ例外で、基本的には小隊単位で行動することが多い。第二次大戦時には、5両の戦車で1個小隊を編成することが標準的だった。戦車が大型化する一方で配備される戦車定数が減ってきた現代では、国によって異なるが戦車3～4両で1個小隊を編成している。

小隊が幾つか(通常は3～4個)集まった単位が「中隊」だ。第二次大戦時のドイツ軍での、標準的な戦車中隊の編成は、5両編成小隊×4個＋中隊本部2両の計22両だ。現代のアメリカ軍では14両で1個中隊を編成し、4両編成小隊×3個＋中隊本部2両が標準。一方イギリス軍では同じ14両編成でも、3両編成小隊×4個＋中隊本部2両と、編成が異なっている。

中隊が3～5個集まった集団が「大隊」。大隊が2つ程度の規模で「連隊」となる。ただし大隊が存在せず、中隊が集まって連隊になることもある。そして連隊や大隊が幾つも所属する大集団が「師団」、もしくは「旅団」だ(旅団は師団よりも規模が小さい。準師団という単位)。「機甲師団」と呼ばれるのは、戦車連隊や機械化歩兵連隊など装甲車両の充足率が高い部隊が集まった、優れた機動力と攻撃力を備えた師団だ。

ただし機甲師団とはいっても、戦車や装甲兵員輸送車の部隊だけで構成されているわけではない。現代の機甲師団には、長距離砲を擁する砲兵隊、偵察車両が所属する偵察隊、橋を架けるなど軍用車両の運用を助ける工兵隊、敵航空機を撃退する自走対空砲を備えた対空部隊、ヘリで直接航空支援を行う飛行隊などが所属する。さらに通信隊や、補給・後方支援を担当する兵站(へいたん)部隊も欠かすことはできない。装備される車両は多岐に渡るが、部隊全体に高い機動性が与えられていることが機甲師団の大きな特徴だ。

戦車中隊の編成の違い

アメリカ軍の戦車中隊編成

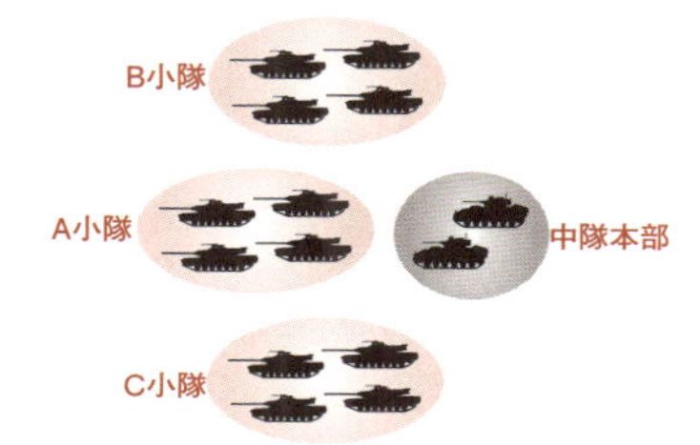

4両編成小隊では2両ずつの分隊行動がとりやすく運用の柔軟性に優れる。

イギリス軍の戦車中隊編成

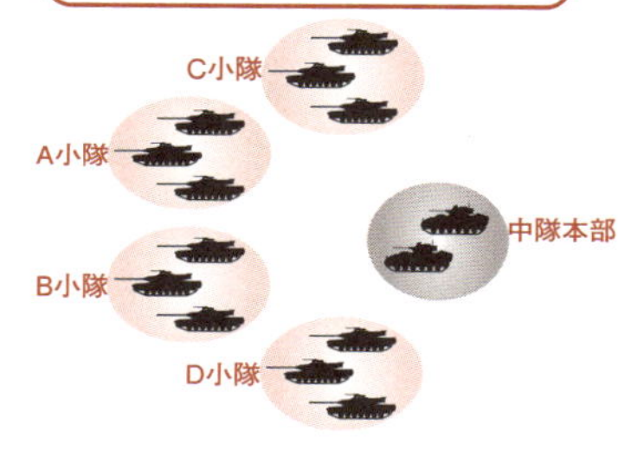

3両編成小隊は機動戦時に統率した運用が行いやすい。

機甲師団に所属するのは戦車隊だけじゃない!

陸上自衛隊 第7機甲師団

北海道に駐留する自衛隊唯一の機甲師団。2014年の時点では、226両の主力戦車を要しているが、その他にも多種の車両が所属する。人員は約6000名。

第71、第72、第73戦車連隊	主要装備／90式戦車
第11普通科連隊	主要装備／89式装甲戦闘車、96式自走120mm迫撃砲
第7特科連隊	主要装備／99式自走155mm榴弾砲、99式弾薬給弾車
第7高射特科連隊	主要装備／87式自走高射機関砲、81式短距離地対空誘導弾（改）
第7後方支援連隊	主要装備／90式戦車回収車、3 1/2トラック、高機動車
第7施設大隊	主要装備／91式戦車橋、92式地雷原処理車、施設作業車
第7通信大隊	主要装備／無線搬送装置、1/2トラック
第7偵察隊	主要装備／87式偵察警戒車、90式戦車、73式装甲車、オートバイ
第7化学防護隊	主要装備／化学防護車、除染車3型
第7飛行隊	主要装備／UH-1J汎用ヘリコプター、OH-6D観測ヘリコプター
師団司令部付隊	主要装備／82式指揮通信車
第7音楽隊	

豆知識

●**戦車に随伴する機械化歩兵→**機甲師団の戦車部隊は戦車のみの編成だが、実際の戦闘時には機械化歩兵が随伴した混成部隊で行動することが多い。そのため、機甲師団で使う歩兵戦闘車や装甲兵員輸送車は、戦車と同等の機動力を備える装軌車両が必須であり、装輪車両では務まらないのだ。

No.094

軍用車両の天敵①　歩兵が携帯する対戦車兵器

装甲を施した軍用車両は、小火器しか持たない歩兵にとって大きな脅威だ。しかし歩兵の側も、装甲車両に対抗する手段を手に入れた。

●成形炸薬弾頭を使った歩兵が携帯できる対戦車兵器

第二次大戦初期、歩兵が携帯できる対戦車兵器といえば**対戦車ライフル**か火炎ビンだったが、やがて成形炸薬弾頭（せいけいさくやくだんとう）(No.029参照)を使った歩兵用の対戦車兵器が開発された。歩兵は遮蔽物に隠れて潜み、敵戦車が通り過ぎるまで待って、比較的装甲が薄い側面や背面を狙い撃った。

ドイツ軍はまず成形炸薬弾頭を磁気で敵戦車の装甲に直接張り付ける『吸着地雷』を開発した。しかし歩兵が肉薄せねばならず、使いにくかった。そこで登場したのが対戦車榴弾（たいせんしゃりゅうだん）の簡易発射器。『パンツァーファウスト』は、柄の中に入った炸薬で成形炸薬弾頭を30mほど飛ばし(後期型は射程100m)、離れた場所から戦車の装甲を破壊した。単純な構造ながら威力があり量産がきく兵器だった。一方、アメリカ軍が開発したのが、バズーカの愛称で有名な『M1対戦車ロケットランチャー』。筒型ランチャーから発射される直径60mmの対戦車ロケット弾は140mの有効射程があり、離れた場所から戦車を破壊できる画期的な対戦車兵器として活躍した。

戦後、1948年にスウェーデンで開発された無反動砲型(弾頭本体には推進薬がない)の『カールグスタフ』は、スタンダードな対戦車兵器として普及した。その改良型は今もなお世界30カ国以上で使われ、自衛隊も装備している。また1961年にソ連で開発された対戦車ロケット『RPG-7』も、手軽な対戦車兵器として広まった傑作兵器だ。これも改良を加えられながら、今も世界中の軍隊やゲリラ・民兵組織で使われている。

精密誘導で命中率が高い対戦車ミサイルも、歩兵が持ち運べるサイズのものが開発された。アメリカの『ジャベリン』に代表される現代の携帯式対戦車ミサイルは射程が2000m以上と長く、強力な成形炸薬弾頭を装備。戦車の正面装甲以外なら、ほとんどの装甲車両を撃破することが可能だ。

成形炸薬弾を使った歩兵携帯式の対戦車兵器の進化

吸着地雷
（ドイツ：1942年）

成形炸薬弾を磁石で装甲にくっ付けて、装甲を破壊する。

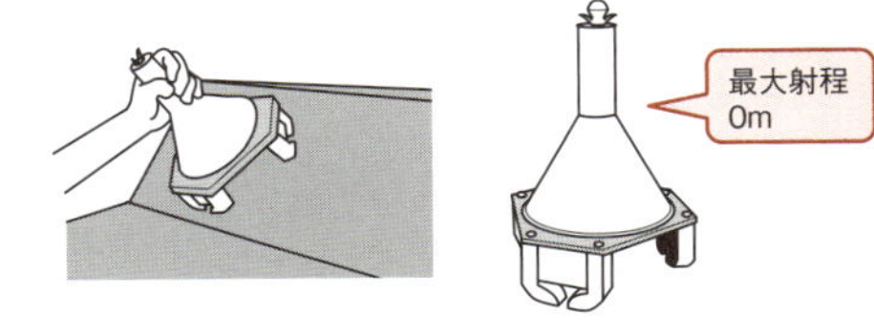

パンツァーファウスト
（ドイツ：1943年）

柄の中に発射薬が入っていて成形炸薬弾頭を飛ばす発射機。

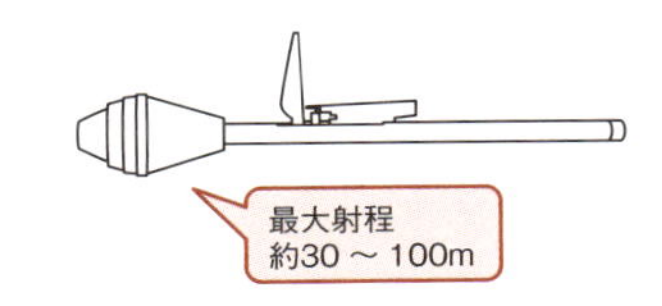

M1対戦車ロケットランチャー
（アメリカ：1942年）

愛称「バズーカ」。弾頭は直径60mmのロケット弾。

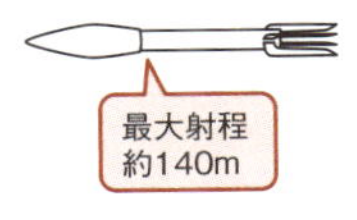

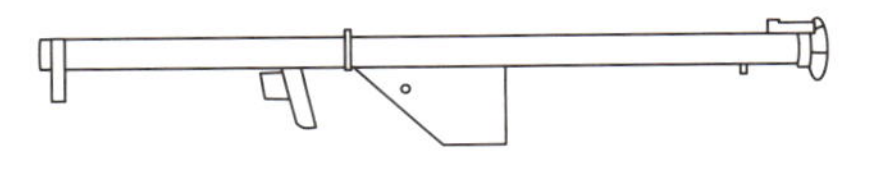

RPG-7
（ソ連：1961年）

無反動砲として発射した後、ロケット点火して長射程を得るロケットランチャー。今も世界中のゲリラや民兵に使われている傑作兵器。

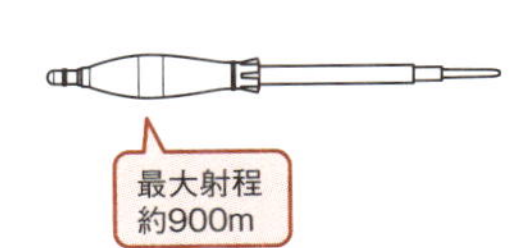

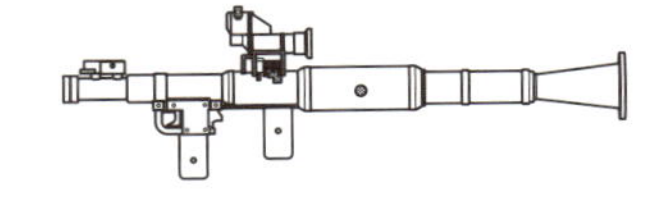

ジャベリン
（アメリカ：1996年）

赤外線画像誘導方式で装甲の薄い車両上面を攻撃するトップアタックも可能な対戦車ミサイル。

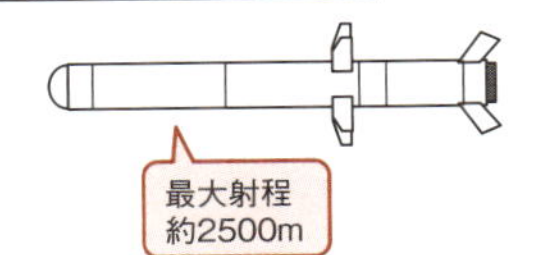

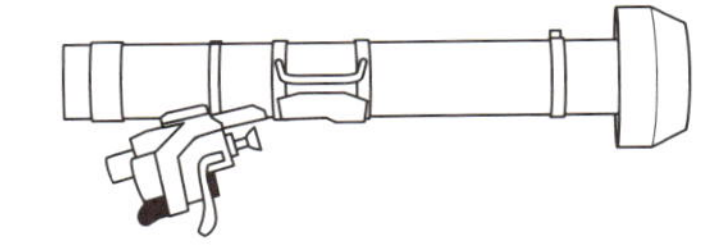

用語解説

●**対戦車ライフル**→戦車の装甲が薄かった時代には、12.7～14.5mmと大口径の高初速徹甲弾を使った「対戦車ライフル」が使われた。しかし分厚くなった戦車の装甲には歯が立たず姿を消した。現在は長距離狙撃や軽装甲車撃破を目的とした「対物ライフル」として再評価され、使われている。

No.095

軍用車両の天敵② 対戦車地雷と障害物

戦車をはじめとする軍用車両は、動きを止められると脆弱さを露呈する。足回りを破壊する地雷やバリケードの設置は有効な手段となる。

●車両の底面や足回りを破壊する地雷

地雷は地上や地中に仕掛ける爆発物で、待ち伏せ型の兵器だ。特に戦車などの車両を狙う地雷を対戦車地雷と呼んでいる。

オーソドックスな対戦車地雷は、本体の上に一定以上の重量物が乗ると圧力感応信管が作動して爆発する。重量制限が設けられているのは、人間が踏んだくらいでは起爆させないためだ。起爆装置には、圧力感応信管の他に、ワイヤートラップ式や起爆棒が飛び出たもの、磁石感知で爆発するタイプや、強い振動や音を感知して爆発するタイプもある。さらに、路肩に強力な爆発物を仕掛け遠隔操作で爆発させるIED(No.067参照)もある。

対戦車地雷には威力の強い高性能火薬が使われ、車両は装甲の薄い底面を破壊されてしまう。仮に本体は無事でも、履帯(りたい)や車輪を破壊されれば走行不能に陥り、結果として撃破されてしまうことになる。

また、地雷を広く敷設する地雷原は、陣地を堅固にする有効な手段だ。地雷原に敵をわざと誘い込み撃破する作戦が採られることもある。

●行動を阻害するだけでも、車両に対しては効果が大きい。

軍用車両は、行動を阻害されるとその価値が半減する。そのため進路上に障害物を設置して妨害する。もっとも単純な障害は幅の広い濠を掘ること。戦車が登場した第一次大戦で、すでに対抗手段として対戦車壕が使われていた。車両の半分以上の幅があれば装軌車両でも越えることはできない。

また強固なバリケードで道路を塞いだり、橋を落とすなどの手段も侵攻阻止には有効的な手段だ。北朝鮮との戦争状態が続く韓国では、国境付近の幹線道路の上や横に巨大なコンクリートブロックを設置。有事には支柱を爆破してブロックを路上に落とし、短時間で道路を塞ぐ手はずだ。

対戦車地雷

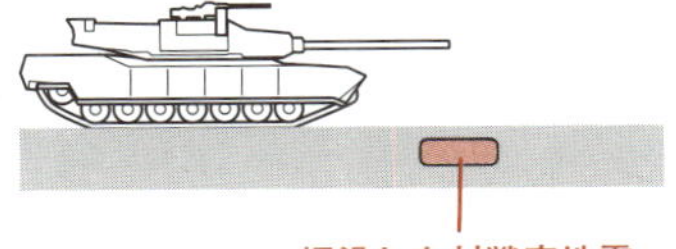

埋没した対戦車地雷

戦車の真下で爆発。薄い底面装甲や履帯を破壊する。

TM-46対戦車地雷
（旧ソ連）

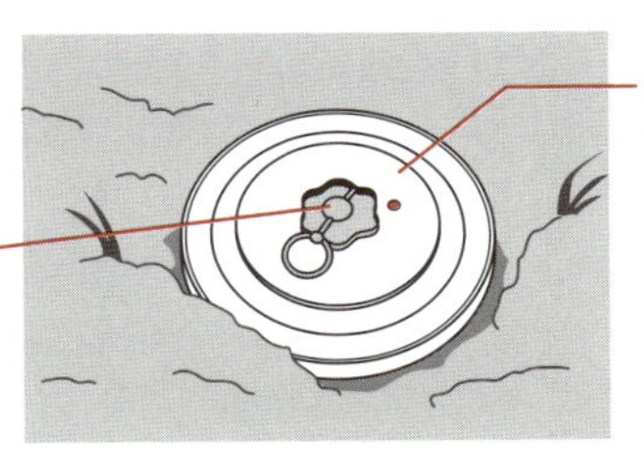

対戦車バリケード

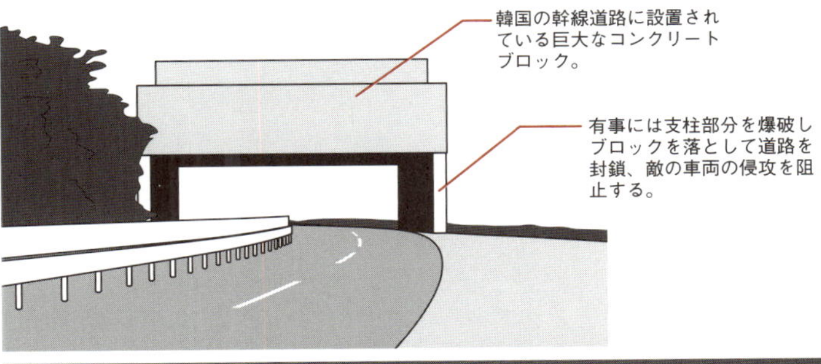

豆知識

●**工兵の仕事**→地雷の設置や地雷原の構築、逆に地雷を除去したり地雷原を啓開するのは、いずれも工兵の任務だ（No.079参照）。また対戦車壕を掘ったりバリケードの設置や橋の爆破などを行うのも、それに対抗して簡易橋を架けたり渡河用舟艇を運用するのも（No.080参照）すべて工兵が担当する。

No.096

軍用車両の天敵③ 航空機

軍用車両の最大の天敵が、空から襲いかかる攻撃機や攻撃ヘリコプターだ。自走対空砲や携帯式対空ミサイルで対抗するが、分は悪い。

●装甲の薄い上面から襲いかかる対地攻撃機

装甲車両の弱点のひとつが、上面装甲が薄いことだ。そのため航空機に空から襲撃されると簡単に撃破されてしまう。第二次大戦時には軍用車両攻撃を主任務とする対地攻撃機が各国で生まれ、目覚しい戦果を上げた。

主に使われたのは、急降下爆撃機や襲撃機と呼ばれた機体。小型爆弾や大口径の機関砲を使って車両を空から狙い撃つ。ドイツの『Ju87スツーカ』やソ連の『Il-2シュトルクモビク』が有名だ。またアメリカの『P-47サンダーボルト』やイギリスの『ホーカー・タイフーン』、日本の『二式複座戦闘機』などの戦闘爆撃機も、対地攻撃に威力を発揮した。一方その対応策として、対空火器を積んだ自走対空砲が生まれた(No.056、057参照)。

現在も対地攻撃機は各国で配備されている。アメリカの『A-10サンダーボルトII』やロシアの『Su-25』など、大量の爆弾や対地ミサイルを搭載できるジェット攻撃機や、マルチロールファイターと呼ばれる多目的戦闘機が、地上の車両を攻撃する。また**COIN機**と呼ばれるプロペラ式の軽攻撃機や、輸送機を改造した**ガンシップ**なども、車両攻撃に威力を発揮する。

戦後に発達したヘリコプターも、機関銃やロケット弾ポッドを積むことで、対地攻撃を行うようになった。特に1967年にアメリカが対地・対戦車専用の攻撃ヘリとして開発した『AH-1コブラ』の登場以後、長射程の対戦車ミサイルを積むタンクキラーとして君臨するようになった。現在もアメリカの『AH-64アパッチ』やロシアの『Mi-28』、ドイツ／フランスの『ティーガー』などが配備されている。ただし1980年代には車両に対して圧倒的な威力を発揮した攻撃ヘリコプターだが、自らが攻撃を受けると意外に脆弱だ。近年は歩兵携帯式の対空ミサイルが普及したこともあり、一時期ほどの優位性はないとされるが、それでも大きな脅威には違いない。

装甲が薄い車両の上面を攻撃する対地攻撃機

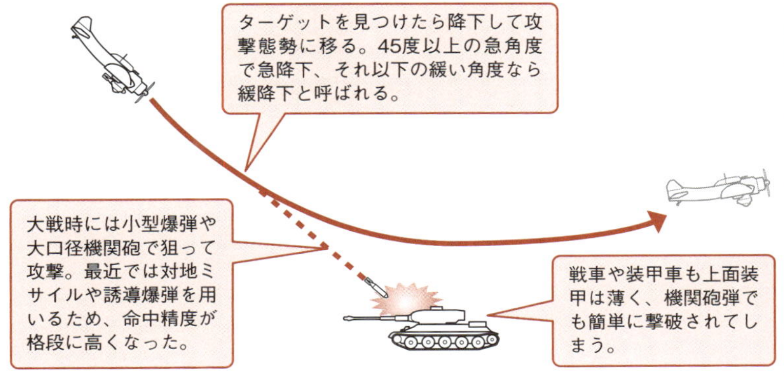

歴代の対地攻撃機

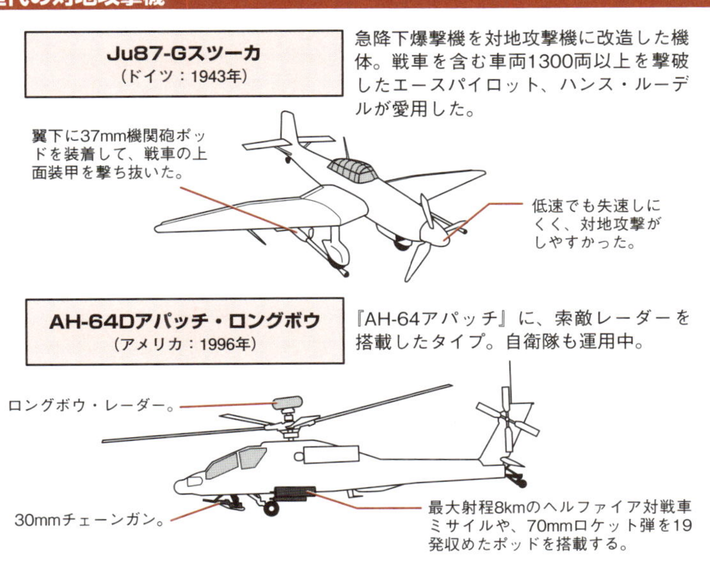

用語解説

●**COIN機**→Counter Insurgency（対ゲリラ）用に開発された軽攻撃機で、対地掃射や小型爆弾での爆撃を任務とする。比較的安価に装備できる。
●**ガンシップ**→アメリカの軍用輸送機を改造した『AC-130』が現役。大口径機関砲や105mm榴弾砲などを多数積み圧倒的な破壊力で地上を攻撃する。

No.097

軍用車両の輸送手段① 鉄道輸送

軍用車両を戦場まで輸送する手段として、もっとも一般的なのが鉄道輸送だ。鉄道網が早くから整備されたエリアでは輸送の主役を担った。

●長距離の陸送を行うには効率のいい鉄道輸送

軍用車両、特に装軌車両の弱点として、自力での長距離走行が苦手なことがある。そこで軍用車両を戦場に投入するための輸送手段として古くから使われていたのが鉄道輸送だ。鉄道では一度に大量の輸送が可能で、路線さえ繋がっていれば長距離でも輸送効率がいい。そのため鉄道は早くから軍略を考慮されて整備されていた。高速道路網が整備されたのは鉄道よりも遅く、20世紀中ごろまでは陸上輸送網の主役は鉄道だったのである。

第二次大戦時の欧州では、戦車など大型車両の輸送は鉄道に大半を頼っていた。特にドイツ軍は、鉄道輸送を前提にインフラを整備し、戦車の開発にも鉄道輸送をすることを考慮に入れている。輸送拠点の駅には、貨車への車両積み降ろし専用のプラットホームが設置された。また幅の広い重戦車を輸送する場合は、貨車から履帯(りたい)がかなりはみ出すため、わざわざ幅の狭い履帯に履き替えて貨車に載せ、現地で再び通常の履帯に履き替えていた。その手間を行っても鉄道輸送のほうが効率は良かったのだ。道路網が整備された現在でも、多くの国で軍用車両の鉄道輸送が行われている。

日本でも戦前から軍用車両の鉄道輸送は盛んに行われていた。しかし日本の在来線は「狭軌(きょうき)」と呼ばれる狭いレール間隔を採用しており、貨車の幅や**鉄道路線の車両限界**の幅も他国に比べ狭い。鉄道輸送可能な車両の幅は、3mが限界とされている。1961年に開発した『61式戦車』は、この幅に収まるサイズで設計されていた。しかし『74式戦車』(幅3.18m)以後の主力戦車は3mを超える幅を持っているため、鉄道輸送をすることはできない。専用の戦車運搬車で道路を使って運ばれる(No.074参照)。とはいえ、自衛隊の多くの車両は道路交通法の制限もあり2.5mの幅に収まるサイズ。3m以下の幅の車両については、今も鉄道輸送が行われている。

軍用車両の鉄道輸送

鉄道輸送される戦車

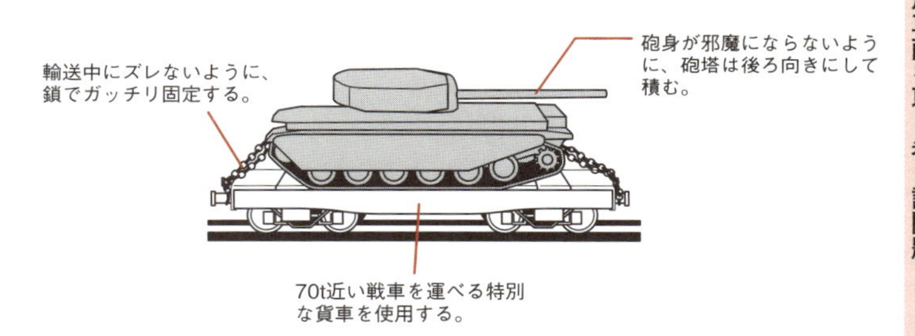

軌間（レールの間隔）の違い

「狭軌」を採用している主なエリア

- 日本（在来線、1067mm）
- 南アフリカ（1065mm）

「標準軌」を採用している主なエリア

- 欧州各国（1435mm、イベリア半島除く）
- 北米（1435mm）
- 中国や韓国など東アジア（1435mm）
- 日本（新幹線　1435mm）

「広軌」を採用している主なエリア

- インド（1676mm）
- イベリア半島（1668mm）

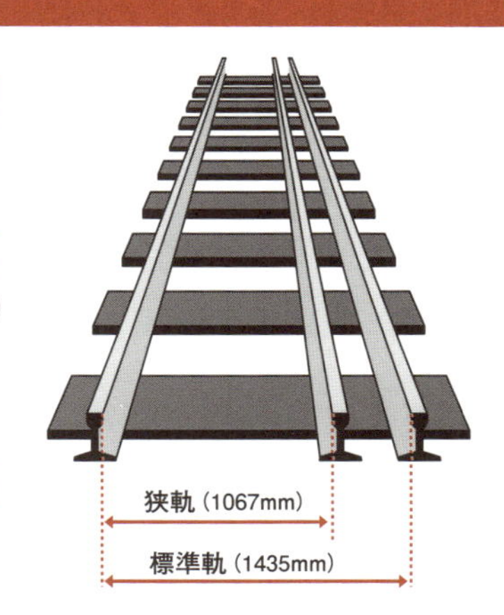

レール間隔が広いほうが、より幅の広い大型車両を輸送するには有利！

用語解説

●**鉄道路線の車両限界**→鉄道には幅や高さの車両限界サイズが設定されており、橋やトンネルはそれに応じて設計される。日本の在来線の多くは、軌間が1067mmの狭軌で車両限界幅が3000mmしかない。一方で新幹線は1435mmの標準軌で車両限界幅も3400mmあるが、貨物輸送は考慮されていない。

No.098

軍用車両の輸送手段② 輸送艦と揚陸艦

海を渡って軍用車両を運ぶ手段としては、揚陸艦や車両貨物輸送艦などの艦艇が使われる。輸送速度は遅いが、大量に運ぶことが可能だ。

●荷揚げする環境によって運ぶ船が変わる

海を隔てたエリアに軍用車両を運ぶのには、車両輸送能力を持った艦船が使われる。ただし、どんな場所に荷揚げできるかによって、使われる艦艇の種類が変わってくる。

荷揚げを行う港が使えて大型船が着岸できる場合は、車両貨物輸送艦が使われる。車両を直接岸壁に積み降ろしするためのランプウェイを備えた輸送艦で、一般にはRO-RO船(Roll-on/Roll-off Ship)と呼ばれる。戦車などの大型車両も載せられ、大型艦なら様々な車両を1000両近く運べる。普段は軍が保有する車両貨物輸送艦が使われるが、有事には民間のRO-RO船やフェリーを徴用して車両輸送に使うことも珍しくはない。

ただし車両貨物輸送艦の速度は、速いものでも20〜24ノット(約45km/h)程度しかなく、緊急展開力に欠ける。そこでアメリカ軍では緊急輸送に対応するために、35ノット(約65km/h)の速度を出せる双胴型の統合高速輸送艦『スピアヘッド』級を開発し、現在配備中だ。

一方で、港が確保できておらず荷揚げ用の埠頭が使用できない揚陸作戦では、揚陸艦が使われる。大型車両を運ぶ揚陸艦には大きく3タイプある。浜に直接揚陸するビーチングが可能な輸送艦は、「戦車揚陸艦(LST)」と呼ばれる。艦首が観音ドア式に開く構造になっており、浜に乗り上げてそこから車両を直接降ろす仕組みだ。

また艦内にドックを持つ「ドック型揚陸艦(LSD/LPD)」は、ドックに収めた小型の揚陸艇を使って揚陸する。空母型の平甲板とドックの両方を持つ「強襲揚陸艦(LHA/LHD)」は、揚陸艇と大型輸送ヘリコプターを使う。

揚陸艇はビーチングが可能な小型の船で、最近ではホバークラフト型も使われる。1回に車両を1〜2両積んで、母船から浜までピストン輸送する。

車両を運ぶ軍艦の種類

どこに荷揚げできるかによって、使われる艦艇の種類が変わる！

港が使える

→ 車両が自走して乗り降りする。

車両貨物輸送艦
(Roll-on/Roll-off Ship)

・車両専用の貨物船。
・一度に1000両近くの大量の車両が運べる。
・荷揚げには大型船が着ける埠頭が必要。
・民間のRO-RO船やフェリーを徴用して使うこともある。

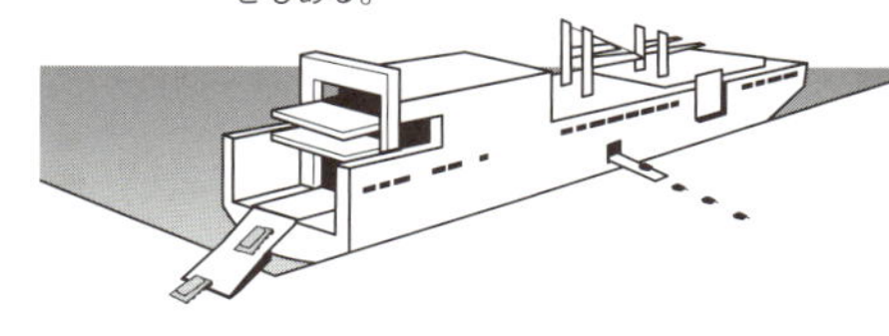

港が使えない

→ 直接浜にビーチングする。

戦車揚陸艦（LST）

・浜に乗り上げて車両を直接降ろす。
・構造上、大型艦にできないため、積載可能な車両の数は戦車なら10 ～ 20両程度。

→ 揚陸艇や輸送ヘリコプターを使って車両を揚げる。

ドック型揚陸艦（LSD/LPD）
強襲揚陸艦（LHA/LHD）

・艦内のウェルドックに搭載した小型の揚陸艇と、輸送ヘリコプターで車両を揚陸。
・平甲板を持つ強襲揚陸艦は、より多くの輸送ヘリコプターを運用できる。
・積載可能な数は各種車両を合わせて100 ～ 150両程度。

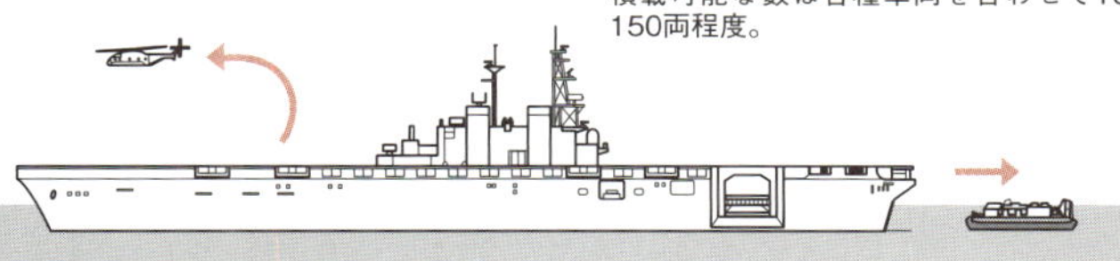

豆知識

●**自衛隊の車両輸送艦**→現在、自衛隊ではドック型輸送艦の『おおすみ』型を3隻運用し、それぞれ2隻ずつのホバークラフト型揚陸艇『LCAC（エルキャック）』が配備されている。また近年は速度36ノット（約67km/h）の双胴高速フェリー『ナッチャンWorld』を民間から借り上げて、車両輸送に使うこともある。

No.099

軍用車両の輸送手段③ 軍用輸送機

航空輸送の最大の利点は離れたエリアに素早く戦力を投入できること
だ重量級の車両を運ぶ大型の輸送機も登場した。

●戦術輸送機と戦略輸送機

航空機で軍用車両を空輸しようという試みは、第二次大戦時に始まった。イギリスは7tの貨物を積める大型輸送グライダー『ハミルカー』を開発。ノルマンディ作戦で空挺部隊とともに6両の軽戦車を敵地に降下させた。

このような戦場に車両や物資を投入する輸送機を「戦術輸送機」と呼ぶ。その代表機種が『C-130ハーキュリーズ』で、1956年に登場して以来2300機以上が生産され、今も世界各国で運用されている傑作機。最大19tの貨物を積載し、未舗装の滑走路でも短距離離着陸ができる。ただし重量級の戦車を運ぶのは不可能で、軽戦車やトラック、中型装甲車が精一杯。航続距離もさほど長くなく、物資集積地から戦場近くまで運ぶのが主な任務だ。

20世紀後半になると素早く重装備を輸送する必要が高まり、重量級の戦車を積んで長距離を飛ぶことができる「戦略輸送機」が開発された。1969年から配備されたアメリカの『C-5ギャラクシー』は、最大で122tの貨物を積める。『M1A1戦車』なら2両、汎用車両の『ハンヴィー』なら一度に14両も運ぶことが可能だ。また1986年から運用されている旧ソ連の『An-124ルスラーン』は、150tの最大積載量を誇っている巨大輸送機だ。

1993年から配備されたアメリカの『C-17グローブマスターⅢ』は、戦車を運べる最大積載量77tを持ちながら、不整地での短距離離着陸性能も併せ持つ。戦術輸送機と戦略輸送機を兼ねた新しいカテゴリーの輸送機として活躍。また現在、新たな戦術輸送機も開発が進んでいる。30t以上の最大積載量と長い航続距離を持つ、日本の『C-2』や欧州の『A400M』などだ。この他に大型輸送ヘリも、機内に収納するか機外に吊り下げて小型の車両を運ぶことができる。戦場に直接戦力を投入する場合や揚陸作戦で使われ、敵の後方に戦力を送り込む特殊作戦などでも大型ヘリが活躍する。

戦術輸送機と戦略輸送機

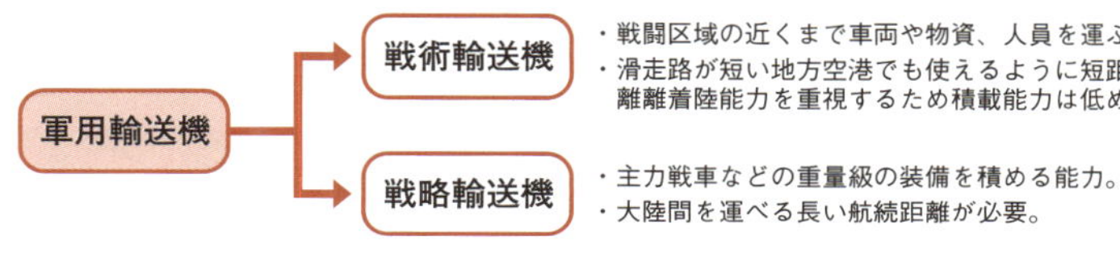

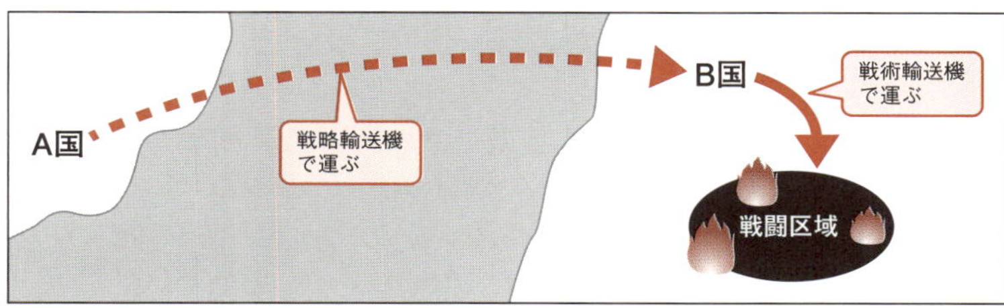

C-130Jスーパーハーキュリーズ
(アメリカ：1999年)

『C-130』を改良した現行型の戦術輸送機。6枚羽のプロペラなどを備え搭載量や速度が向上している。

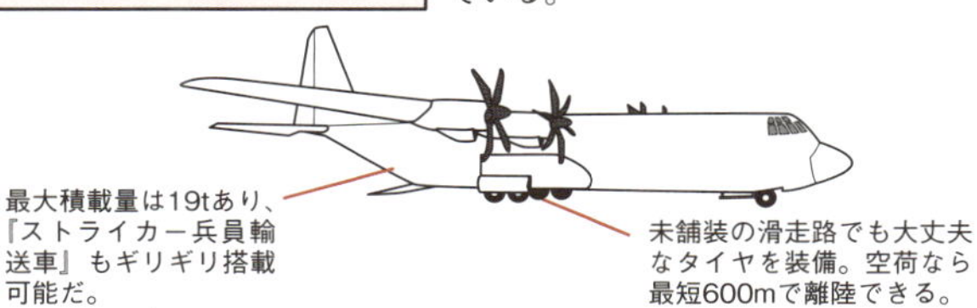

C-5Mスーパーギャラクシー
(アメリカ：2008年)

『C-5』を近代化改修し延命を図った機体。最大積載量は122tもあり、『M1A1戦車』なら2両運べる。フルに積んでも4000km以上飛べる。

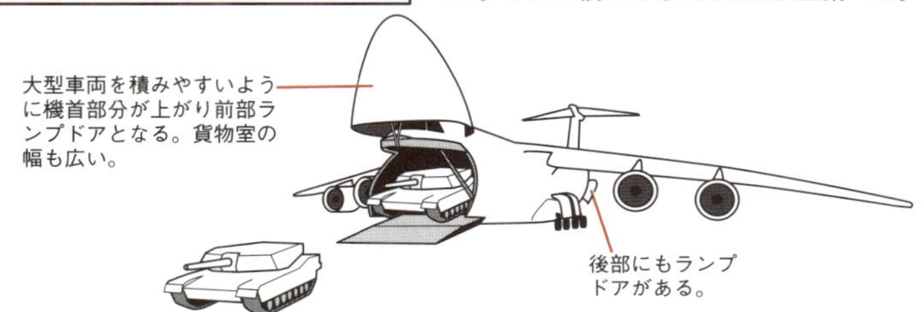

豆知識

●**輸送機の積載量と航続距離**→輸送機は荷物を積めば積むほど燃料の搭載量が減り、燃費も悪くなるため、その分だけ航続距離が短くなる。例えば『C-130J（改良型）』の場合、空荷なら6000km以上飛べるが、5tの貨物を積んだ状態では約4000km、16t積んだ状態では約3000kmと航続距離が減る。

No.100

輸送機の能力で左右される車両の大きさ

素早い展開を行う必要性が増し空輸が増えた昨今では、輸送機の能力と車両のサイズや重量がリンクし、併せて開発されることもある。

●輸送ヘリのキャビンを考慮して設計された汎用車両のサイズ

揚陸作戦やエアボーン(空輸による強襲)では、大型輸送ヘリコプターを使った軍用車両や装備の輸送が行われる。そのさいに使われるのが、アメリカの『ハンヴィー』や日本の『高機動車』のような汎用車両だ。

実は『ハンヴィー』や『高機動車』の幅や高さのサイズは、日米で使われている主力輸送ヘリ『CH-47』のキャビンサイズにギリギリ収まり空輸できるように設計されている。『CH-47』は約10tの機内積載能力があるため、例えば『高機動車』＋牽引式120mm迫撃砲＋操作要員をまるごと空輸することも可能。歩兵支援の強力な火力を前線に素早く投入できる。

『V-22オスプレイ』は、アメリカで配備が始まり日本にも導入される最新のティルトローター輸送機。しかしキャビンのサイズが狭く、幅と高さが約1.7mしかないため、幅が2mを超える『ハンヴィー』を搭載することができない。そこでオスプレイを運用するアメリカ海兵隊が導入したのが、幅が1.5mと小型の軽汎用車両『グロウラーITV』だ。兵員3名を乗せ迫撃砲も牽引できるため、オスプレイとのコンビで配備が進められている。

●軍用輸送機の能力は、積載したい車両サイズと重量から要求される

輸送機のキャビンサイズや能力は、輸送する車両のサイズや重量などを考慮して開発される。現在、日本で開発中の戦術輸送機『C-2』は、従来の『C-130H』や『C-1』を超えるスペックの機体。設計段階で要求されたのは、30tの貨物を積載しより長い航続距離が可能なこと。キャビンのサイズはおよそ長さ16m×幅4m×高さ4mあり、さすがに主力戦車は無理だが、主力装甲車である『96式装輪装甲車』なら2両積むことが可能。また12tの積載なら6500kmも飛べる航続距離の長さも魅力だ。

輸送機のキャビンサイズに合わせて開発された小型汎用車両

V-22オスプレイ搭載前提で開発されたグロウラー ITV

『V-22オスプレイ』はキャビンに積める貨物の幅が1.7mしかない。

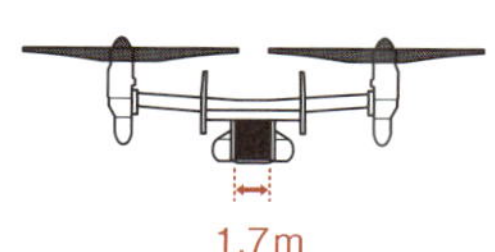

主力汎用車両の『ハンヴィー』(幅2.16m)が積めない！

グロウラー ITV
(Internally Transportable Vehicle
＝搭載輸送可能車両)

・全長4080mm／全幅1510mm
・輸送時の高さ1400mm

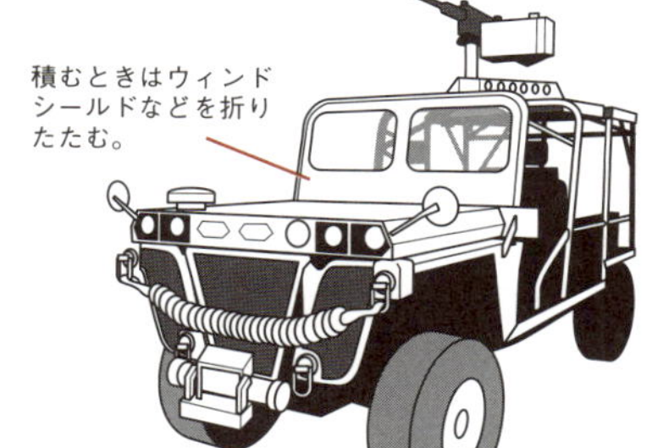

中型車両積載を前提に設計された自衛隊の新型戦術輸送機

C-2戦術輸送機

2000年代に入り開発が進められ、もうすぐ装備される新戦術輸送機。最大積載量は30tあり、12t搭載時で6500kmの航続距離を持つ。

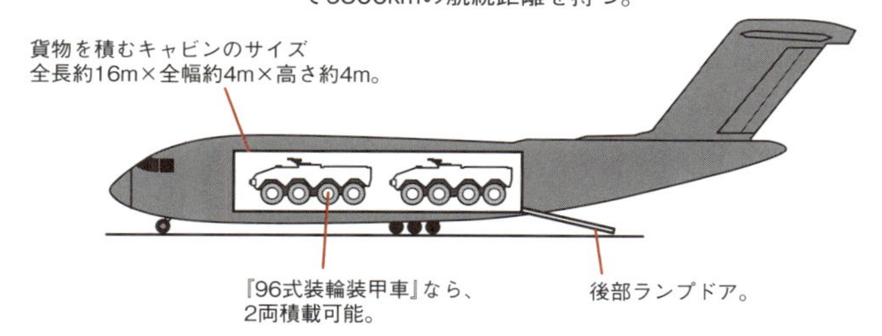

豆知識

●**航空機メーカーが開発する専用車→**『オスプレイ』のメーカーであるアメリカのボーイング社が、オスプレイに搭載できる戦闘支援車両『ファントム・バジャー』を開発している。『グロウラーITV』よりも長さがあり、積載能力が高い汎用車両だ。『オスプレイ』とセットで売り込む予定だ。

No.101

新世代のハイテク防御システム

車両を防御する装甲以外の手法も考えられている。ハイテクを駆使した防御システムが考案され、一部はすでに実用化されているのだ。

●被害を抑えるために導入されるハイテク装備

市街戦や非正規戦では、歩兵の携帯兵器の発達により隠れた敵歩兵やゲリラの攻撃に装甲車両が悩まされることが多くなった。特に周辺の監視を行う目的で車上に半身を出す兵士が攻撃を受けるケースが多い。そこで注目を集めているのが「リモート・ウェポン・ステーション(RWS)」だ。RWSには機関銃や自動榴(りゅうだん)弾発射機、発煙弾発射機などの武装が搭載され、高度な光学装置やレーダー、レーザー感知器などのセンサーが組み合わされる。車外に生身をさらすことなく周囲の監視索敵が可能で、遠隔操作で武器を発射できる。またレーザー照射を感知すると、瞬時に発煙弾を発射して車体を隠すものもある。現在開発されているRWSの多くは、後付けで既存の軍用車両に装備が可能で、すでに一部で実用化されている。

さらに踏み込んだハイテク防御が「アクティブ防護システム(APS)」だ。ミリ波レーダーや光学センサーで自車に向かって飛んでくる砲弾やミサイル・ロケット弾などの飛翔体を感知。1秒以下の短時間に自動的に飛翔体の進路に迎撃弾を発射し、炸裂して飛散する破片で飛翔体を無力化しようというもの。ロシアやイスラエル、アメリカなどで開発が進んでおり、比較的低速のロケット弾やミサイルの迎撃はすでに成功し実用化されている。高速の砲弾に対応する開発も行われており、誤作動の問題や迎撃弾による味方への被害対策など課題も多いが、近い将来に実用化される見込みだ。

次世代の戦車技術として、車体のステルス化の研究も進んでいる。一般にステルスといえば対レーダーの話だが、陸上兵器の探知装置としては、レーダーよりも赤外線センサーが多く使われている。そこで車体表面を周囲の環境と同じ温度に保ち、赤外線領域で判別しにくくする「サーマル・カムフラージュ」を導入したステルス戦車が開発されている。

ハイテクを取り入れた防御システム

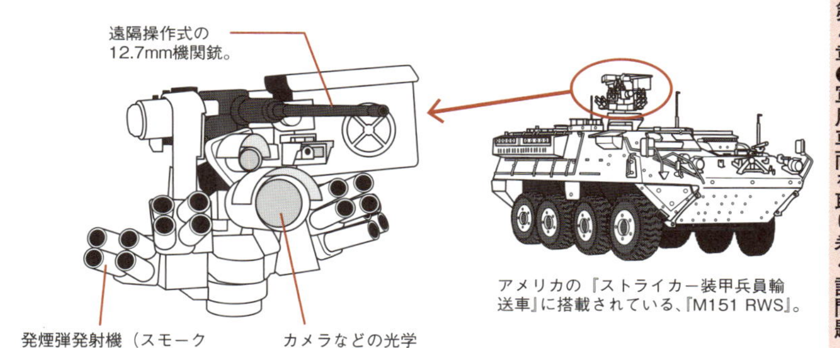

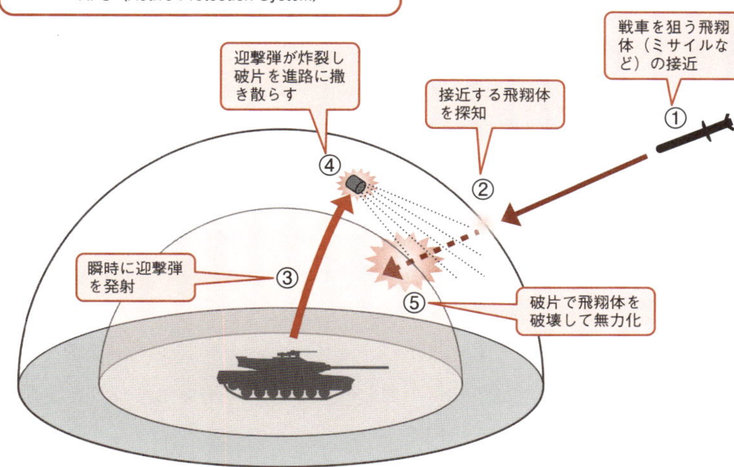

豆知識

●**赤外線を撹乱する煙幕**→軍用車両に搭載される発煙弾は、車体と敵の間に発煙弾で煙の壁を作り、自車を隠す装置。しかし赤外光は遮断できず、赤外線センサーには無力だ。そこで最近では赤外線も撹乱する「赤リン発煙弾（RP発煙弾）」が開発され、従来の発煙弾との入れ替えが進んでいる。

No.102

実用化が進む無人輸送車両

無人で動く軍事ロボットは、すでに空を飛ぶ無人偵察機や無人攻撃機が実用化されているが陸上の車両としても研究開発が進められている。

●歩兵を支援する荷物運搬に活躍するUGV

現在、最先端の自動車テクノロジーとして研究開発が進んでいるのが、無人での自動運転システムだ。すでに鉱山で使われる巨大ダンプカーなどの特殊な車両では実現されつつあるが、軍事の世界でも自動運転を行うロボット車両の開発が行われている。例えば地雷処理などの危険な任務を遠隔操作で行うような装備は、すでに実用化され実戦投入されている。

特に、ある程度の自律行動(自ら判断し行動すること)を行う無人陸上車両はUGV(Unmanned Ground Vehicle)と呼ばれるが、中でも新しいカテゴリーの車両として注目を集めているのが、歩兵に随伴し荷物運搬などの支援を行う無人輸送車両だ。現在の歩兵の装備は、ハイテク化が進む一方で重量が嵩むようになったのが大きな悩みとなっている。そこでアメリカ軍では、歩兵の荷物を運ぶことを目的としたUGVが何タイプか開発され、現在は実戦テストが行われている。

そのひとつが悪路走破性に優れた6輪バギー型の車両をベースにした無人車両に、1個分隊(9名)分の装備を積んで歩兵に追従して動く「分隊任務支援システム(SMSS)」だ。徒歩で進む歩兵のあとを自動追従して荷物を運ぶ他に、GPSで座標を入力すると、その地点まで自律走行して移動することも可能。傷病兵の後送任務などにも使われるという。

また山岳地の小道など、車両が進むのには難しい地形で使うことを想定し開発されているのが、車輪の代わりに4本脚を備えた「脚式分隊支援システム(LS3)」だ。『ビッグドッグ』と愛称が付けられたこのマシンは、まさにエンジンで動くロバロボットとでも呼ぶべき存在。高度なロボティクス技術の導入で、バランスを取りながら走る。近い将来、兵士にしたがい荷物を背負って小道を歩むロボットが、当たり前になるかもしれない。

歩兵に追従して個人装備を運ぶ荷物運搬ロボット

分隊任務支援システム
(SMSS=Squad Mission Support System)

現在、アメリカの陸軍や海兵隊で実戦テストが行われている無人車両。1個分隊（9名）分の個人装備や携帯用対戦車ミサイルなどを積載し、歩兵のあとに追従して自動走行する。GPSにより自律走行で行動することも可能で、負傷者の後送などにも期待されている。

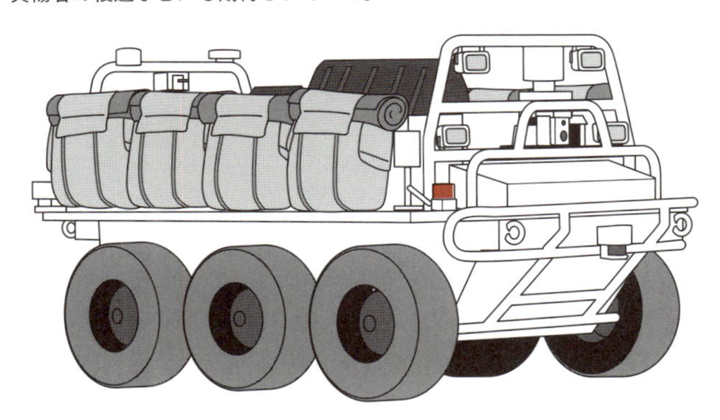

脚式分隊支援システム
(LS3=Legged Squad Support System)

4足歩行の荷物運搬ロボット。全長約1m、高さ約70cm、重量約110kg。15hpのガソリンエンジンで動き、車両が走れない山道でも180kgの荷物を載せて、1回の燃料補給で30km行動できる。GPSで示されたポイントに自律で行ける他に、歩兵に追従して行動することも可能だ。愛称は『ビッグドッグ』と呼ばれている。

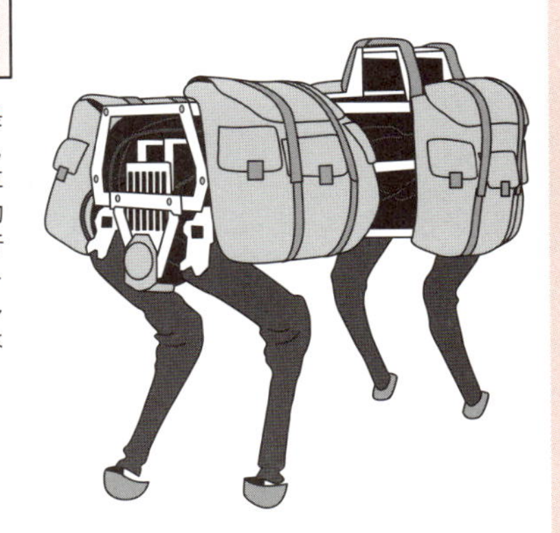

豆知識

●**無人車両の先駆者**→遠隔操作する無人車両兵器として始めて実用化されたのは、第二次大戦でドイツ軍が使用した『ゴリアテ』だ。1.6mほどの大きさの装軌車両に強力な爆薬を積み、有線の遠隔操作で移動して地雷原や装甲車両の破壊を行った。モーター式とガソリンエンジン式が作られた。

索引

数字

漢数字

A-Z

さ

ま

や

ら

参考文献

『機甲入門：機械化部隊徹底研究』(光人社NF文庫)　佐山二郎 著　光人社
『軍用自動車入門：軍隊の車輌徹底研究』(光人社NF文庫)　高橋昇 著　光人社
『新・現代戦車のテクノロジー』(Ariadne military)　清谷信一 編　アリアドネ企画
『図解 火砲』(F-Files)　水野大樹 著　新紀元社
『図解 現代の陸戦』(F-Files)　毛利元貞 著　新紀元社
『図解 軍艦』(F-Files)　高平鳴海／坂本雅之 著　新紀元社
『図解 戦車』(F-Files)　大波篤司 著　新紀元社
『図解 ヘビーアームズ』(F-Files)　大波篤司 著　新紀元社
『図解 ミリタリーアイテム』(F-Files)　大波篤司 著　新紀元社
『図解　クルマのメカニズム』　青山元男 著　ナツメ社
『世界戦車戦史』　木俣滋郎 著　図書出版社
『世界の軍用4WDカタログ』(Ariadne military)　日本兵器研究会 編　清谷信一 監修　アリアドネ企画
『世界の最新装輪装甲車カタログ』(Ariadne military)　清谷信一 編　アリアドネ企画
『世界の戦車・装甲車』(学研の大図鑑)　竹内昭 監修／執筆　学習研究社
『世界の戦車メカニカル大図鑑』　上田信 著　大日本絵画
『世界の兵器ミリタリー・サイエンス：近代ウエポンはじめて物語』　高橋昇 著　光人社
『世界の名脇役兵器列伝：知られざる第二次大戦の精鋭たち』(ミリタリー選書)　太田晶／印度洋一郎／山下次郎／有馬桓次郎／山口進／水野翼／巫清彦 著　イカロス出版
『戦後日本の戦車開発史：特車から90式戦車へ』(光人社NF文庫)　林磐男 著　光人社
『日本の戦車と軍用車両』(世界の傑作機別冊／Graphic action series)　高橋昇 著　文林堂
『間に合った兵器：戦争を変えた知られざる主役』(光人社NF文庫)　徳田八郎衛 著　光人社
『陸軍機甲部隊：激動の時代を駆け抜けた日本戦車興亡史』(「歴史群像」太平洋戦史シリーズ)　歴史群像編集部 編　学習研究社
『軍用フォーバイフォー』(WAR MACHINE REPORT／PANZER臨時増刊)　アルゴノート社
『陸上自衛隊装備百科』(イカロスMOOK／J Ground 特選ムック)　イカロス出版
『陸上自衛隊の車輌と装備』(PANZER臨時増刊)　アルゴノート社
『戦車』(歴群〈図解〉マスター)　白石光 著　学研パブリッシング
『M2/M3ハーフトラック』(グランドパワー別冊)　グランドパワー編集部 編　ガリレオ出版
『U.S.海兵隊マニア！：在日海兵隊の基地・部隊の知られざる姿』(別冊ベストカー)　講談社ビーシー
『軍事研究』　ジャパンミリタリー・レビュー
『PANZER』　アルゴノート社
『戦車マガジン』　デルタ出版
『丸』　潮書房光人社

F-Files No.049

図解　軍用車両

2015年5月31日　初版発行

著者	野神明人（のがみ　あきと）
本文イラスト	福地貴子
図解構成	福地貴子
編集	株式会社新紀元社 編集部
	川口妙子
DTP	株式会社明昌堂
発行者	宮田一登志
発行所	株式会社新紀元社
	〒101-0054　東京都千代田区神田錦町1-7
	錦町一丁目ビル2F
	TEL：03-3219-0921
	FAX：03-3219-0922
	http://www.shinkigensha.co.jp/
	郵便振替　00110-4-27618
印刷・製本	株式会社リーブルテック

ISBN978-4-7753-1324-4
定価はカバーに表示してあります。
Printed in Japan